JAMES O'HEARE

DIE DOMINANZTHEORIE BEI HUNDEN

EINE WISSENSCHAFTLICHE BETRACHTUNG

animal Learn®
VERLAG

Titel der kanadischen Originalausgabe:
Dominance Theory and Dogs

ISBN 978-3-936188-21-9

Übersetzung ins Deutsche: Martina Scholz
Lektorat: Andrea Clages
Titelillustration: Jürgen Zimmermann, Stuttgart
Satz & Layout: Annette Gevatter, Großerlach
Druck: Druckerei Mack GmbH, Schönaich

Alle Rechte der deutschen Übersetzung:
animal learn Verlag, Am Anger 36, 83233 Bernau
email: animal.learn@t-online.de, www.animal-learn.de

Inhalt

Widmung

Ich widme dieses Buch allen Hunden,
die aufgrund der Dominanztheorie schlecht behandelt wurden.

Danksagung

Ich möchte den Personen danken, die mir geholfen haben, das Thema dieses Buches zu verstehen und dieses Buch zu schreiben.

Paul D. Clarke für alles, insbesondere für die Hilfe für ein besseres Verständnis der Evolutionstheorie!!!

Angelica Steinker für die Durchsicht des ersten Entwurfs und für die konstruktive Kritik.

Barb Smuts für wertvolle Diskussionen und Ratschläge.

Susan Dillon für die gemeinsame Durchsicht des ersten Entwurfs.

Vorwort

Mein Ziel beim Schreiben dieses Buches war es, zunächst die Dominanztheorie im Allgemeinen und dann in Bezug auf Hunde zu untersuchen. Dazu habe ich versucht, die Theorie an sich sowie Forschungen, die auf diesem Gebiet gemacht wurden, zu erläutern und aus meiner Sicht auszuwerten. Soweit es möglich war, habe ich mich an die bestehende Literatur gehalten, jedoch gibt es bei den Untersuchungen, die dieses Thema betreffen, erhebliche Lücken. Einige Aspekte der Dominanztheorie werden durch vorhandene Veröffentlichungen gut abgedeckt, andere Bereiche (vor allem in Bezug auf Hunde) sind bisher noch nicht umfassend untersucht worden. In diesen Fällen habe ich die vorliegenden Erkenntnisse analysiert und gegebenenfalls Vermutungen anhand meiner persönlichen Erfahrungen und meines eigenen Wissens angestellt. Damit möchte ich zur aktuellen Debatte über dieses Thema beitragen, wobei mir Kritik durchaus willkommen ist. Nachdem es sich um ein umstrittenes Thema handelt, bitte ich Sie, fair zu sein und mich nur im Zusammenhang zu zitieren, wenn Sie meine Aussagen kritisieren möchten. Bitte beachten Sie dabei, was ich tatsächlich ausdrücken möchte. Ich würde mich über Berichtigungen zu den angesprochenen Themen freuen und hoffe, Sie empfinden meine Überlegungen als Herausforderung.

Im ersten Teil des Buches geht es um Soziabilität im Allgemeinen, im zweiten Teil um die Dominanztheorie selbst, und im dritten Teil wird das bis dahin Erläuterte auf Hunde angewendet. Es ist wichtig, zunächst die Voraussetzungen für eine Erörterung der Frage nach der Dominanz bei Hunden zu schaffen, indem wir die entsprechende Wissenschaft sowie relevante Untersuchungen betrachten. Im ersten und zweiten Teil des Buches wird daher das Wort „Hund“ nicht sehr oft auftauchen, jedoch versichere ich Ihnen, dass wir im dritten Teil näher auf Hunde eingehen werden, sobald erörtert wurde, was die Dominanztheorie besagt und warum diese Theorie existiert.

Ich werde mich häufig auf wissenschaftliche Untersuchungen beziehen. Wenn ich dabei die betreffende Spezies nicht nenne, liegt das meist daran, dass sich die Kommentare oder die Untersuchungen auf sozial lebende Tierarten oder auf die Dominanztheorie im Allgemeinen und nicht auf eine bestimmte Art beziehen.

Teilweise verwende ich bei der Erörterung Fachausdrücke der Verhaltensterminologie, die für die allgemeine Öffentlichkeit möglicherweise ohne einige Hintergrundinformationen über die Dominanztheorie nicht ohne weiteres verständlich sind, doch sollte ein Großteil des Inhalts auch für Laien verständlich sein. Eaton (2002) bietet eine interessante und prägnante Erörterung der Dominanztheorie für interessierte Laien, die eine kurze und einfach lesbare Version bevorzugen. In der vorliegenden Arbeit wird versucht, dieses Thema in einem eher akademischen Kontext zu untersuchen. Daher ist das Buch unter Umständen schwerer zu lesen.

Einführung

Was ist die Dominanztheorie? Was gehört nicht zur Dominanztheorie, und welchen Stellenwert hat sie für das Verständnis des Sozialverhaltens von Haushunden? Diese Fragen werden in diesem Buch behandelt. Die Dominanztheorie ist im Moment, was den Bereich Hundeverhalten betrifft, wahrscheinlich das umstrittenste Thema übehaupt. Nur die Frage, ob Hunde besser herkömmlich, also mittels Bestrafung, oder modern unter Ausnutzung des Appetenzverhaltens zu erziehen wären, wird annähernd kontrovers diskutiert. Nachdem die wissenschaftlichen Erkenntnisse der Lerntheorie auch in der allgemeinen Öffentlichkeit immer bekannter werden, wird die letztere Debatte mittlerweile weniger hitzig geführt – es gilt als allgemein anerkannt, dass hundefreundliche Methoden effektiver und weniger schädlich sind. Die Dominanztheorie ist wahrscheinlich die am häufigsten missverstandene, allgemein angewendete Verhaltenstheorie im Bereich des Hundeverhaltens. Sie wurde in der Vergangenheit entwickelt, um das Sozialverhalten von Hühnern zu erklären und vorherzusagen. Dann wurde diese Theorie auf andere Tierarten ausgeweitet, einschließlich eines nahen Verwandten des Hundes, den Wolf.

TEIL 1
DIE SOZIABILITÄT

Die Entwicklung von sozialen Verhaltensweisen bei Individuen und Populationen wird durch Lernen und Evolutionsfaktoren beeinflusst. In diesem Abschnitt werde ich die Grundlagen der Evolutionstheorie beschreiben, um einen Überblick zu geben, welche Rolle die Evolution bei der Entwicklung der Soziabilität und dem Sozialleben von Gruppen spielt. Außerdem wird in diesem Teil dargelegt, wie sich im Laufe der Zeit soziale Strukturen entwickelt haben könnten. Die erlernten Komponenten bei sozialen Verhaltensweisen werden anschließend beschrieben und sind Thema des ganzen Buchs.

Die Evolution

Evolutionäre Entwicklung ist auf Änderungen der Allelhäufigkeit in einer Population von Lebewesen über einen längeren Zeitraum zurückzuführen. Es ist wichtig zu verstehen, dass sich nicht die Individuen selbst entwickeln (die Allele eines Individuums bleiben im Laufe seines Lebens gleich) - sondern die Population entwickelt sich (die Häufigkeit bestimmter Allele in der Population verändert sich von Generation zu Generation).

Zum besseren Verständnis des Themas müssen wir einige Begriffe definieren - Genotyp, Phänotyp, Allel, Gen und natürliche Auslese. Man unterscheidet zwischen dem Genotyp und dem Phänotyp eines Individuums.

Der Genotyp für ein Merkmal besteht aus bestimmten Allelen, die ein Individuum für ein Merkmal besitzt. Der Begriff Phänotyp beschreibt, wie dieses Merkmal zum Ausdruck kommt, also die äußere Erscheinung. Der Genotyp ist die genetische Bauanleitung und liefert die Anweisungen zur Erzeugung von Proteinen für das Lebewesen, die dann den Körperbau bestimmen. Der Genotyp ist die zugrunde liegende genetische Basis für einen Phänotyp. Die Proteine reagieren aufeinander und auf die Umwelt, um größere, komplexere Strukturen zu bilden. Diese Proteine und Strukturen werden als Phänotypen bezeichnet. Sie bilden die physischen, erkennbaren Merkmale, die vom Genotyp erzeugt werden. Der Genotyp (die Bauanleitung) stellt das Potential für eine Reihe von möglichen Phänotypen (das sichtbare Ergebnis) dar. Was innerhalb dieser Reihe von Möglichkeiten schließlich „zum Ausdruck kommt" hängt davon ab, wie die sich entwickelnden Strukturen auf Einflüsse der Umwelt reagieren. Beispielsweise kann der Genotyp einer Person besagen, dass sie als Erwachsener maximal 1,90 m groß sein wird. Wenn die Person als Kind unterernährt war, wird die Körpergröße als Erwachsener jedoch vielleicht nur 1,70 m betragen. Das ist aus Sicht der Evolution eine Wechselbeziehung mit der Umwelt, die beeinflusst, wie der Genotyp des Individuums zum Ausdruck kommt. Umwelteinflüsse können in Schlüsselentwicklungsphasen das Erscheinungsbild des Genotyps erheblich verändern oder einschränken. Ob der vom Genotyp diktierte Phänotyp zum Ausdruck kommt, hängt von den Auswirkungen der Umwelteinflüsse ab.

Das Gleiche gilt im sozialen Bereich. Ein Hund kann den Genotyp für ein höchst soziales Tier aufweisen, doch wenn er als Welpe an der Sozialisierung und Prägung gehindert wird oder traumatische soziale Erfahrungen macht, spiegelt der Phänotyp möglicherweise das genetische Potential nicht wider. Stattdessen zeigt der Phänotyp möglicherweise das andere Extrem in der Reihe möglicher Verhaltensweisen, und der Hund kann höchst unsozial erscheinen. Wenn das Individuum die genetische Veranlagung für ein nahezu unverwüstliches Sozialverhalten hatte, wird es wahrscheinlich sozialer sein als ein nicht derart prädisponierter Hund, der die gleichen Entwicklungsdefizite und Traumata erleidet. Der

Genotyp legt einen Bereich für mögliche Resultate fest, die Umgebung bestimmt das Ergebnis.

Da es oft zu Missverständnissen kommt, möchte ich auch noch den Unterschied zwischen einem Gen und einem Allel erklären. Ein Gen bezeichnet lediglich den auf einem Chromosom enthaltenen Ort, während Allele die kodierten Informationen in dem Gen sind. Dabei kann es sich um ein Allel handeln, doch normalerweise gibt es eine Vielzahl von Allelen, die ein bestimmtes Gen bilden. Wir hören häufig von „Genpools" und „Genhäufigkeit", doch das Gen ist einfach nur die Position, an der sich die Allele befinden. Es wäre daher treffender, von Allelpools und Allelhäufigkeit zu sprechen. Das Gen (die Position) bleibt im Allgemeinen von Generation zu Generation gleich, doch die Allele (die kodierte Variation dieses Gens) können sich von Generation zu Generation verändern, und diese Änderung bedeutet Evolution.

Es gibt mehrere Gründe, warum sich die Häufigkeit von Allelen von Generation zu Generation ändern kann, zum Beispiel Mutation, natürliche Auslese, Gendrift, Rekombination und Genfluss. Wir interessieren uns hier hauptsächlich für die natürliche Selektion. Sie ist auf den Einfluss von Umweltfaktoren auf den Fortpflanzungserfolg einzelner Mitglieder einer Population zurückzuführen. Wenn dieser umweltbedingte Selektionsdruck auf die Mitglieder der Population unterschiedliche Auswirkungen hat, haben einige größeren Fortpflanzungserfolg als andere. Daher enthält die nachfolgende Generation mehr Nachkommen dieser bei der Fortpflanzung erfolgreicheren Individuen als die vorherigen Generationen. Die Allele dieser Individuen nehmen in der nächsten Generation zu, und die Allele der bei der Fortpflanzung nicht erfolgreichen Individuen nehmen entsprechend ab. Innerhalb einer Population ist eine gewisse Varianz der Merkmale üblich. Beispiele für Merkmale, die für die Soziabilität von Bedeutung sein könnten, sind eine variable Aggressivität, die Körpergröße, das Selbstbewusstsein und die Bevorzugung bestimmter Beutetiere. Die natürliche Selektion kann nur funktionieren, weil es innerhalb der Population diese Streuung von Merkmalen (Phänotypen) bei den Individuen gibt. Inwieweit diese Merkmale vererbt werden, bestimmt, ob sich die Population entwickelt. Merkmalsvariationen, die eine bessere Anpassung bedeuten, werden häufiger vererbt als maladaptive Merkmale (Merkmale, die bei der natürlichen Auslese unterliegen), und diese Vererbung verursacht von einer Generation zur nächsten Änderungen in der Häufigkeit der entsprechenden Allele innerhalb der Population. Das ist Evolution.

Die beobachteten Eigenschaften, die zur Fortpflanzungsfitness des Individuums beitragen, werden Anpassungen oder Adaptionen genannt, sofern sie erblich sind. Die entsprechenden Merkmale bezeichnet man als adaptiv.

Ein weiterer Begriff, der auf komplizierte Weise mit der Anpassung und der natürlichen Auslese verknüpft ist, ist das Wort Fitness. Oft wird davon ausgegangen, dass Fitness die körperliche Fitness meint, doch aus der Sicht der Evolution bezieht sich Fitness auf die Fortpflanzung. Fortpflanzungsfitness bezeichnet den Erfolg eines bestimmten Individuums bei der Fortpflanzung im Verhältnis zum durchschnittlichen Fortpflanzungserfolg der Gesamtpopulation (Siiter, 1999). Ohne Bezug auf die Fortpflanzung ist der Begriff der Fitness für die Evolutionstheorie bedeutungslos. Durch die Variation der Fortpflanzungsfitness ändert sich die Allelhäufigkeit im Allelpool, und die Population entwickelt sich. Die Individuen, die die am besten an die Umwelt angepassten Variationen besitzen, haben normalerweise mehr Nachkommen, da die Natur über die natürliche Auslese die Individuen mit den nicht angepassten Merkmalen benachteiligt. Die weniger angepassten Tiere haben üblicherweise weniger Nachkommen oder sterben, ohne Nachkommen gezeugt zu haben. Die natürliche Auslese entfernt fehlerhafte Allele aus dem Allelpool, wodurch angepasste Allele überwiegen – sie bleiben am Ende übrig.

Im Zusammenhang mit der Evolution des Sozialverhaltens werden Umweltfaktoren wie Nahrungspräferenzen und Raubfeinde wichtige Elemente des Selektionsdrucks für die Soziabilität. Wenn ein Raubtier große Tiere jagt, dienen möglicherweise Eigenschaften, die die Zusammenarbeit in der Gruppe fördern, der Anpassung. Wenn beispielsweise Wölfe Bisons jagen, steht zu erwarten, dass Merkmale, die ein besseres Zusammenarbeiten der Gruppe ermöglichen, der Anpassung an die Umwelt dienen. Das liegt daran, dass sie alleine wahrscheinlich erfolglos sind und sich ihre Fortpflanzungsfitness vermindert. Hunde hingegen jagen keine großen Tiere. Wenn alle anderen Aspekte gleich sind, würden wir erwarten, dass die Zusammenarbeit in der Gruppe in diesem Fall weniger ausgeprägt ist. Auf diese Art und Weise bewirkt der Selektionsdruck der Umwelt, dass die erfolgreichen Variationen bestimmter Eigenschaften die Häufigkeit der entsprechenden Allele in der Population erhöht und sie so ihre einzigartige Soziabilität entwickelt. Auch wenn sie ein geschickter Jäger als Beute betrachtet, werden Merkmale, die das Leben in einer Gruppe fördern, möglicherweise verstärkt. Zum Beispiel stellen Wölfe für einige wild lebende Populationen von Hunden wichtige Fressfeinde dar. Für Hunde, die diesem Selektionsdruck ausgesetzt sind, könnte die Bildung von Gruppen gleichbedeutend mit einer besseren Anpassung sein. Eine Gruppe, die aus mehreren Tiere besteht, hat eine größere Chance, das Raubtier rechtzeitig zu entdecken und somit eine Verteidigung in die Wege zu leiten. Außerdem wird die Verteidigung wahrscheinlich erfolgreicher sein. Viele dieser Merkmale besitzen erbliche Komponenten, und in Abhängigkeit vom Ausmaß ihrer Erblichkeit kann ein umweltbedingter Selektionsdruck zu Gunsten von Soziabilität und Vergesellschaftung entstehen.

Überlebensstrategien von Einzelgängern versus denen von Gruppen

Einige Tiere, zum Beispiel viele Insekten, bilden hoch soziale Strukturen. Andere Tiere versammeln sich zu losen Herden. Manche Arten bilden Gesellschaften. Einige Gesellschaften bestehen lediglich aus einer Familie, während in anderen Gesellschaften mehrere Familien oder erweiterte Familien die Gruppen bilden. Wieder andere sind Kombinationen aus Familien und nicht verwandten Einzeltieren. Der Aufbau einer Gesellschaft wird durch die Naturgeschichte und von den speziellen Umweltbedingungen der Population bestimmt. Merkmale, die diesen Lebensstil fördern, haben sich entwickelt, weil diejenigen, die in der Gesellschaft leben, ihre Gene weitervererbt haben, während die Einzelgänger ausstarben (oder sich zumindest nicht fortgepflanzt haben). Wahrscheinlich tragen erlernte Komponenten sowie die Ausbildung von Traditionen zu diesem Prozess bei.

Unter bestimmten Umständen entwickelt eine Tierart einen einzelgängerischen Lebensstil. In diesen Situationen ist das Lebewesen in der Lage zu überleben, ohne innerhalb einer Gruppe um Ressourcen konkurrieren zu müssen. Das Einzelgängerdasein stellt unter diesen Umständen eine Anpassung dar, was ansonsten nicht der Fall wäre. Diese Tiere treffen sich normalerweise nur zu bestimmten Jahreszeiten zum Zweck der Fortpflanzung und gehen dann wieder getrennte Wege. Bestimmte Raubkatzen und Bären leben zum Beispiel auf diese Weise.

In anderen Fällen entsteht durch umweltbedingte Gegebenheiten ein Selektionsdruck zu Gunsten eines Lebens in Gruppen. Dann sind einzeln lebende Tiere weniger erfolgreich bei der Fortpflanzung als diejenigen, die in Gruppen leben. Die Merkmale, die zum Leben in der Gruppe beitragen, werden dadurch im Genpool häufiger. Auf diese Art erfolgt die Selektion hin zu einem Leben in der Gruppe. Es gibt verschiedene Strategien für das Zusammenleben, die in folgende grobe Kategorien eingeteilt werden: Eusozialität, Aggregation (loser Zusammenschluss) und Sozietät (Vergesellschaftung).

Eusozialität

Eusozialität ist bei Insekten eine verbreitete Form des Gruppenlebens. In diesem System pflanzt sich nur eine geringe Anzahl von Mitgliedern fort (zum Beispiel die Königin). Charakteristisch ist die Kastenstruktur, bestehend aus verschiedenen Kategorien von Mitgliedern. Arbeiter, Wächter, Brutpfleger und diejenigen, die sich fortpflanzen, bilden einige der typischen Kasten.

Aggregation

Aggregationen sind lose Gruppen von Tieren, die zusammenbleiben, jedoch keine eindeutige Struktur, Organisation oder Kommunikation aufweisen (Siiter, 1999). Beispiele sind Rinderherden oder manche Fischschwärme. Im Allgemeinen finden sie sich zu Gruppen zusammen, um sich verteidigen zu können. Durch diese Form des Zusammenlebens entsteht eine erhöhte Wachsamkeit, und die Verteidigung sowie die Suche nach Nahrung werden verbessert. (Siiter, 1999).

Sozietäten

Unter Sozietäten versteht man organisiertere Gruppen, die sich durch Arbeitsteilung, Kommunikation und einen stabilen Aufbau der Gruppe auszeichnen sowie einen Widerstand gegen das Aufnehmen fremder Tiere aufweisen (Siiter, 1999).

Leben in Sozietäten

Die Evolution vollzieht Änderungen von einer Generation zur nächsten. Die Fähigkeit zu lernen und das Auswahlverhalten erlauben es einem Individuum, sich im Laufe seines Lebens an eine variable und dynamische Umwelt anzupassen. Natürlich ist Lernen selbst ein genetisch entwickelter biologischer Mechanismus (Skinner, 1984, zitiert in Chance, 1988). Evolution ist ein Vorgang, der sich auf Generationen bezieht und Änderungen in diesem Zeitrahmen zulässt. Lernen hingegen ist ein Mechanismus, der Änderungen bei einem Individuum von einer Minute zur nächsten erlaubt. Das Lernvermögen eines Tieres, das sich zu seinem gegenwärtigen Status entwickelt hat, wird von seiner genetischen Veranlagung beschränkt. Im nun folgenden Abschnitt wird mehr vom Lernen die Rede sein als vom Beitrag der Evolution zu Soziabilität, obwohl sich diese beiden unterschiedlichen Mechanismen gegenseitig beeinflussen.

In Gesellschaften wiegen die Vorteile des Lebens in der Gruppe für das Individuum normalerweise schwerer als die Vorteile, die ein einzelgängerisches Leben bieten würde. Mit anderen Worten: Es ist für das Tier normalerweise vorteilhafter, in der Gruppe zu bleiben, als solitär zu leben. Es gibt viele Mechanismen, die die Gruppe zusammenhalten. Während sich die Population entwickelt, werden diese durch die natürliche Selektion verstärkt. Kommunikationssysteme ermöglichen es den Mitgliedern der Gruppe, Signale zu senden und zu verstehen und dadurch das Verhalten untereinander so zu beeinflussen, wie es den individuellen Bedürfnissen des Einzelnen am besten entspricht. Dabei ist wichtig, sich zu vergegenwärtigen, dass das Individuum und dessen Eigenschaften selektiert werden und nicht die Merkmale der Gruppe als Ganzes. Jedes Mitglied ist gegebenenfalls egoistisch und handelt so, dass die Häufigkeit seiner eigenen Allele erhöht wird, indem es überlebt und sich fortpflanzt. Damit soll nicht unterstellt werden, dass es sich dabei um eine bewusste Anstregung seitens des Tieres handelt. Ein anderes Merkmal, das Gedächtnis, ermöglicht es jedem Mitglied, aus sozialen Begebenheiten zu lernen und die einzelnen Gruppenmitglieder wieder zu erkennen. Durch die Fähigkeit zu lernen und sich an andere Mitglieder zu erinnern, haben die Individuen die Möglichkeit, ihr Verhalten besser anzupassen, so dass ihre Allele die besten Chancen haben.

In einer Gesellschaft konkurrieren die Gruppenmitglieder miteinander um Ressourcen, wie beispielsweise um Nahrung oder einen Paarungspartner. Um diese Ressourcen zu erhalten, wird hauptsächlich agonistisches Verhalten eingesetzt. Aktive Aggression ist jedoch riskant, und daher werden andere Strategien durch die natürliche Auslese gefördert. Wenn zwei Wölfe einander beim Kampf um jedes Stück Nahrung in Stücke reißen würden, gäbe es das Rudel nach sehr kurzer Zeit nicht mehr und die Vorteile des Lebens in der Gruppe wären zunichte gemacht. Die oben genannten Mechanismen (die Kommunikation, das Erinnerungsvermögen, die Lernfähigkeit und so weiter) ermöglichen die Konkurrenz untereinander, ohne dieses hohe Risiko eingehen zu müssen. Wenn sich zwei Mitglieder einer Gruppe gegenüberstehen (normalerweise zu Beginn ihrer Beziehung), taxieren sie einander, um einzuschätzen, wie wahrscheinlich es wäre, eine direkte Konfrontation mit ihrem Gegenüber zu gewinnen – sie beurteilen einander. In den meisten Fällen schätzen Sie die Fähigkeiten des Gegners in Bezug auf ihre eigenen ein. Sie achten dabei auf die Größe, den Gesundheitszustand, die Waffen und auf Anzeichen potentieller Motive. Jedes Mitglied versucht, so groß und gesund wie möglich zu wirken und außerdem so motiviert wie möglich zu erscheinen. Die Tiere stellen ihre Waffen zur Schau. Ihr Kampf ist ritualisiert, um die Folgen eines ernsthaften Kampfes zu vermeiden. Diejenigen, die unnötig kämpfen, riskieren Verletzungen oder den Tod, folglich werden weniger Allele dieses Individuums vererbt. Daher ist ein solches Verhalten nicht angepasst. In einigen Fällen gesteht ein Mitglied bereits vor einem Kampf seine Niederlage ein. Es zieht sich einfach zurück oder zeigt die für diese Art typischen „Unterwerfungs"-Signale. Diese Signale zeigen dem Gegner, dass es nicht kämpfen möchte und nicht mehr um die fragliche Ressource konkurriert. Rugaas (1997) bezeichnet diese Signale als Beschwichtigungssignale. In einigen Fällen kommt es unter den Gruppenmitgliedern zum Kampf. Meist ist das dann der Fall, wenn durch die Einschätzung nicht eindeutig geklärt werden kann, wer der Gewinner wäre. Aus dieser Situation geht normalerweise ein Tier als Sieger hervor, das dann die fragliche Ressource bekommt. Bis zu diesem Punkt ist die Beschreibung dieses Vorgangs nicht umstritten. In einigen Dominanztheorien wird der Gewinner als dominant bezeichnet, doch bei anderen benötigen wir weitere Informationen. Das Problem entsteht, sobald uns eine Theorie helfen soll, die künftigen Beziehungen in der Gruppe, die sich aus diesen Konkurrenzsituationen ergeben, zu erklären, vorherzusagen oder zu beschreiben. Hierzu dient die Dominanztheorie.

Nachdem zwei Mitglieder einer Gesellschaft miteinander konkurriert haben, können sie aus dieser Konfrontation lernen. Sie erkennen das Individuum wieder und erinnern sich, ob sie die Auseinandersetzung gewonnen oder verloren haben. Sie lernen aus dieser Konfrontation mehr als aus ihrer anfänglichen Einschätzung, und dieses neue und vollständigere Wissen hilft ihnen zu entscheiden, wie sie sich bei künftigen Begegnungen mit diesem Individuum verhalten werden. Wie im Folgenden erläutert wird, kommt es bei dem Gewinner zu einem Testosteronanstieg und beim Verlierer zu einen Cortisonanstieg – der Gewinner wird dadurch physiologisch ermutigt, der Verlierer physiologisch entmutigt. Bei einigen Spezies (Rivulus marmoratus) können wir feststellen, dass der Gewinner dazu neigt, auch weiterhin zu gewinnen, während der Verlierer dazu tendiert, auch künftig zu verlieren (Chase, Bartolomeo und Dugatkin, 1994; Hsu und Wolf, 2001). Die Verlierer kürzlich stattgefundener Kämpfe neigen dazu, sich in der Folge seltener auf Kämpfe einzulassen, anders als die Gewinner (Hsu und Wolf, 2001). Verlierer tendieren dazu, diese zukünftigen Kämpfe auch zu verlieren (Chase et al., 1994). Die Gewinner fingen in der Folge nicht merklich häufiger Kämpfe an, doch wenn sie einen Kampf begannen, initiierten sie ihn häufiger mit einer Attacke (Hsu and Wolf, 2001). Das gilt nicht für die Verlierer. Wenn ritualisiertes Imponiergehabe verwendet wird, um einen Gewinner herauszufordern, neigen die Gewinner deutlich häufiger dazu, mit einer Attacke darauf zu reagieren (Hsu und Wolf, 2001). Sobald es zu einem Kampf kommt, wird die Bedeutung vorheriger Erfahrungen weniger wichtig, wahrscheinlich weil die aus dem aktuellen Kampf gewonnenen Informationen wertvoller und nützlicher sind als die Erfahrungen der Vergangenheit (Hsu und Wolf, 2001). Eventuell spielen diese Gewinner- und Verlierereffekte eine erhebliche Rolle für die Vorhersage zukünftiger Auseinandersetzungen. „Zwischen zwei sehr ähnlichen Konkurrenten wird die Dominanz eines Individuums über ein anderes möglicherweise dadurch bestimmt, welches gerade ein anderes Individuum erfolgreich angegriffen hat. Dies könnte wichtiger sein, als irgendein anderes Merkmal, das abgeschätzt wurde, bevor die Individuen zusammentrafen, um eine Hierarchie zu bilden." (Chase et al., 1994) Diese künftigen Zusammentreffen scheinen hauptsächlich vom Verhalten des Verlierers bestimmt zu werden. Der Verlierer zeigt häufig sofort bei der Begegnung mit dem Gewinner Demutsgesten. Der Gewinner akzeptiert diese und gewinnt die aktuelle Auseinandersetzung ohne Kampf, weil der Gegner nicht antritt. Vielleicht fragen Sie sich, wie eine naürliche Auslese darauf funktionieren könnte. Zuerst einmal gibt es mehr als eine Strategie, um an eine Ressource zu gelangen. Sie können „hinterhältig" sein, um eine unmittelbare Auseinandersetzung zu umgehen, oder es wird eine andere Strategie angewendet. Zum Beispiel positionieren sich bei bestimmten Froscharten die schwächeren Männchen genau außerhalb des Territoriums eines dominanten Männchens. Wenn die Weibchen durch den Paarungsruf des dominanten Männchens angelockt werden, fangen die „Satellitenmännchen" die Weibchen ab (Stebbins und Cohen, 1995, S.161-162). Auf diese Art vermeiden sie Verluste, sie verhalten sich subdominant und pflanzen sich trotzdem fort. Die Verlierer schaffen es also häufig, sich fortzupflanzen, daher etabliert sich ihre Strategie ebenfalls.

Verlierer (es ist wichtig anzumerken, dass die Wissenschaftler den Begriff rein sachlich und nicht abwertend verwenden) haben zwei Möglichkeiten: Sie können ihren Verliererstatus akzeptieren, in Ruhe auf ihren großen Tag warten und gleichzeitig auf alternative Strategien setzen, um an Ressourcen zu gelangen, oder sie können Einzelgänger werden und alleine leben. In einigen Fällen ist ein einzelgängerisches Leben für das Individuum gleichbedeutend mit einem verbesserten Zugang zu Ressourcen und möglichen Paarungspartnern. Unter diesen besonderen Umweltbedingungen wird das Individuum wahrscheinlich zum Einzelgänger werden. Angenommen, es gibt zum Beispiel einen Wolf, der die niedrigste Position in der Rudelhierarchie innehat, wenig Nahrung bekommt und keine Möglichkeit zur Paarung erhält. In diesem Fall wird er sich entscheiden, alleine zu leben, vorausgesetzt, Raubtiere stellen kein großes Problem dar, und Nahrung ist ohne weiteres verfügbar und auch ohne das Zusammenspiel mehrerer Gruppenmitglieder leicht zu bekommen. Das mag funktionieren oder auch nicht. Es kann auch vorkommen, dass der Alphawolf einen anderen Wolf drangsaliert, damit dieser die Gruppe verlässt. Er wird also gezwungen, alleine zu leben. In den meisten Fällen entscheiden sich die Mitglieder von Gesellschaften gegen das einzelgängerische Leben. Es gibt meist gute Gründe, warum das Tier Mitglied einer Gruppe ist. Sogar der niedrigste Rang kann oftmals bessere Aussichten auf Nahrung und Paarungsmöglichkeiten bieten als ein einzelgängerisches Leben. Das Tier scheint eine Art Kosten-Nutzen-Analyse durchzuführen, um festzustellen, ob es in der Gruppe bleiben oder besser als Einzelgänger leben soll. Die Gruppe bietet einiges. Zudem bekommt der Verlierer bei den meisten Spezies wenigstens die Möglichkeit zu fressen, wenn auch unter der Kontrolle des Gewinners. Dieser hat ebenfalls ein berechtigtes Interesse am Zusammenhalt der Gruppe. Normalerweise werden innerhalb jedes Paarverhältnisses der Gruppe Beziehungen auf diese Art gebildet. Mit Hilfe der Dominanztheorien wird häufig versucht, diese Beziehungen zu erklären, zu beschreiben oder vorherzusagen.

Wie bereits zuvor erwähnt, ist es wichtig zu beachten, dass jede Tierart anders ist. Die Sozialstrukturen und -mechanismen jeder Spezies sind einzigartig und abhängig von der evolutionären Vergangenheit sowie den derzeitigen Gegebenheiten der Gruppe. Zudem verkomplizieren Gruppen, die nicht dem einfachen Gewinner-Verlierer-System entsprechen, den Sachverhalt. Bei vielen Tieren (einschließlich vielen Primaten) besteht die Möglichkeit, Koalitionen zu bilden. Dadurch können Tiere, die immer verlieren, zu Gewinnern werden, wenn sie sich in der Gegenwart bestimmter anderer Tiere befinden, die ihnen helfen. Ein Team aus Verlierern kann einen Gewinner besiegen und die dynamischen Beziehungen der Gruppe somit vielschichtiger gestalten. Es kann auch sein, dass ein bestimmtes Tier in manchen Situationen immer der Gewinner ist, in anderen ist es jedoch immer der Verlierer. Außerdem kann sich die Häufigkeit des Siegens und Verlierens ändern, wenn der Anreiz unterschiedlich ist. Wenn in einer bestimmten Auseinandersetzung, bei der normalerweise eine deutliche Gewinner/ Verlierer-Beziehung besteht, der Verlierer aus irgendeinem Grund diesmal besonders motiviert ist (vielleicht weil er sehr hungrig und der Gewinner satt ist), dann kann der vermeintlich Schwächere (der Verlierer) diese Auseinandersetzung gewinnen. Wie also soll es möglich sein, trotz dieser Komplexität den Überblick zu behalten, und wie gültig und verlässlich können diese Theorien angesichts so komplexer und schwieriger Testumstände sein?

TEIL 2
DIE DOMINANZTHEORIE

Die Dominanztheorie wurde entwickelt, um die Beziehungen zwischen Mitgliedern organisierter Tiergesellschaften beschreiben, erklären und/ oder vorhersagen zu können. Pierre Huber entdeckte 1802 erstmals Rangordnungen bei Hummeln (Wilson, 1975). Später (1922) wurde dieses Modell von Schjelderupp-Ebbe auf Wirbeltiere angewendet und seither mehrfach überprüft (Wilson, 1975). Schjelderupp-Ebbes Arbeit beschrieb das Sozialverhalten von Hühnern, die einfache lineare Hierarchien für den Sozialstatus bilden. Viele Forscher haben seither behauptet, dass Dominanz ein Merkmal sozialer Beziehungen sei (Allee und Emerson, 1949 zitiert in Wilson, 1975). Seit 1922 haben Forscher diese Theorie in Bezug auf viele andere Tierarten untersucht. In Folge von Schwierigkeiten mussten sie die Theorie anpassen, umformulieren oder anderweitig erweitern, damit sie auf ihre Beobachtungen zutraf. Außerdem haben verschiedene Forscher und Theoretiker das Problem mit unterschiedlichen theoretischen Ansätzen und Wertkriterien in Angriff genommen. Als Ergebnis dieser jahrelangen Forschungen, Kontroversen und Debatten kommt es verbreitet zu Missverständnissen und Verwirrung. Häufig diskutieren Forscher die Dominanztheorie, ohne eine klare, präzise Definition im Hinterkopf zu haben, oder vielleicht gehen sie von verschiedenen Definitionen aus. Widersprüchliche Versuchsergebnisse spiegeln wahrscheinlich unterschiedliche Prämissen wider und fördern damit die Verwirrung, die die Dominanztheorie umgibt.

Es ist äußerst wichtig zu verstehen, dass Dominanz eine Theorie ist. Es handelt sich um ein theoretisches Konstrukt, das erdacht wurde, um Phänomene zu erklären. Existiert Dominanz? Die Theorie existiert. Die eigentliche Frage lautet, ob sie die in der Realität vorkommenden Phänomene widerspiegelt. Ist die Theorie für die

Vorhersage oder zur Erklärung und Beschreibung der Wirklichkeit von Wert? Können wir die Theorie anwenden? Das ist die eigentliche Frage. In diesem Kontext wollen wir die Theorie untersuchen. Es besteht noch immer keine Einigkeit in der Frage, was „Dominanz“ bedeutet (Drews, 1993). In diesem Abschnitt werden die verschiedenen Kategorien und Definitionen der Dominanztheorie sowie ihr jeweiliger Wert untersucht. Die folgenden Abschnitte zu den Kategorien und Definitionen basieren weitgehend auf der analytischen Arbeit und der ausgezeichneten Übersicht von Drews, sie wurden jedoch durch weitere Quellen ergänzt.

Kategorien von Definitionen

Empirisch versus theoretisch

Es gibt sowohl empirisch als auch theoretisch orientierte Definitionen des Begriffes Dominanz. Empirisch arbeitende Forscher formulieren eine Theorie, gewinnen daraus überprüfbare Hypothesen und testen diese dann durch systematische Beobachtungen. Die Theorie wird durch die Ergebnisse dieser Experimente entweder gestärkt oder entkräftet und ihre Brauchbarkeit auf der Grundlage der Ergebnisse beurteilt. Theoretisch arbeitende Forscher gehen davon aus, dass Dominanz existiert, schlagen anwendbare Definitionen vor und versuchen, den Nutzen des Begriffs und der Definition nachzuweisen (Drews, 1993).

Empirische Unterteilung: strukturell versus funktionell

Die Definitionen in der empirischen Kategorie können weiter in strukturelle und funktionelle Definitionen unterteilt werden. Eine strukturelle Definition bezieht sich auf erkennbare Verhaltensweisen in einer Beziehung oder in einer Reihe von Interaktionen. Eine funktionelle Definition bezieht sich auf die Funktion der Verhaltensweisen oder darauf, warum sie existieren. Die funktionelle

Ausrichtung interessiert sich nomalerweise dafür, wie sich ein Merkmal bei einer Spezies entwickelt.

Agonistische versus nicht-agonistische Definitionen

Die meisten Dominanztheorien sind agonistische Theorien und bestimmen Dominanz, indem sie auf verschiedene agonistische Beziehungskomponenten verweisen. Doch Dominanz muss sich nicht auf Agonistik beziehen.

Individuelle Merkmale versus Zweierbeziehung

Einige Definitionen halten Dominanz für eine Eigenschaft eines Einzeltieres, während andere es für das Ergebnis der Beziehung zwischen zwei Tieren halten und nicht für ein Merkmal, das jedes der Tiere für sich aufweist. Innerhalb des Systems individueller Eigenschaften kann man sagen, dass ein bestimmter Hund dominant ist, während dies beim Zweierbeziehungssystem nicht möglich ist. Hier könnte man Dominanz nur als Folge der Beziehung zwischen zwei Hunden beurteilen.

Empirisch, nicht-agonistisch

1. „Die priviligierte Rolle"
(Eigenschaften von Individuen)

Wilson (1975) beschreibt die Rangordnungen und den Nahrungstransfer von untergeordneten Trachtbienen zu dominanten Arbeiterbienen, bei dem keine offene Aggression gezeigt wird. Das Alter scheint das Merkmal zu sein, das die Dominanz in der Gruppe bestimmt. Es handelt sich um eine strukturelle Definition, bei der Dominanz nicht erblich ist (Drews, 1993).

Empirisch, agonistisch

2. „Der Fortpflanzungsstatus“ (Eigenschaften von Individuen)

Bei bestimmten Insekten (zum Beispiel Polistes sp.) bestimmt der Fortpflanzungsstatus eines Individuums die Dominanz des Tieres (Wilson, 1975). Das sich fortpflanzende Individuum setzt Aggression ein, um seine Position zu festigen (Drews, 1993). Dies ist eine strukturelle und funktionelle Definition, bei der Dominanz nicht erblich ist (Drews, 1993).

3. „Dominanz ist gleich Aggressivität.“ (Eigenschaften von Individuen)

Wilson (1975) und Drews (1993) beschreiben diese Dominanzdefinition, die in der allgemeinen Literatur über Hundeverhalten sehr verbreitet ist. Variationen bei der aggressiven Ausdrucksweise werden herangezogen, um die Position innerhalb der Rangordnung zu bestimmen. Aggressivere Tiere sind dominant, und weniger aggressive Tiere sind subdominant.

4. „Dominanz ist eine Eigenschaft, die Rang ausdrückt.“ (Eigenschaften von Individuen)

Drews (1993) beschreibt eine weitere, in der allgemeinen Literatur über Hundeverhalten verbreitete Dominanzdefinition. Dominanz wird in diesem System durch die Ergebnisse agonistischer Auseinandersetzungen definiert. Die Häufigkeit des Gewinnens und Verlierens wird bestimmt, um mittels einer statistischen Analyse zu errechnen, ob die Gewinnhäufigkeit für ein bestimmtes Tier höher ist, als es durch Zufall möglich wäre. Der Schlüssel dieser Definition ist die Annahme, dass das Ergebnis auf den Besitz der Eigenschaft „Dominanz“ zurückzuführen ist. Bei dem dominanten Tier ist diese Eigenschaft ausgeprägter (Drews, 1993). Es ahndelt sich um eine strukturelle Definition, bei der Dominanz erblich ist (Drews, 1993).

5. „Der Gewinner ist dominant, der Verlierer subdominant.“ (In Bezug auf Zweierbeziehungen)

Dominanz wird in diesem System, wie oben beschrieben, durch die Ergebnisse agonistischer Auseinandersetzungen definiert. Die Häufigkeit des Gewinnens und Verlierens wird errechnet (unabhängig davon, ob die Auseinandersetzung zu einem Kampf geführt hat), und Dominanz wie Unterordnung werden als „Syndrome“ angesehen. Der Gewinner einer Auseinandersetzung zwischen zwei Tieren ist dominant, der Verlierer subdominant. Dies ist eine in der allgemeinen Literatur über Hunde ebenfalls verbreitete strukturelle Definition.

6. „Erfolgreicher Kampf“ (in Bezug auf Zweierbeziehungen)

Die von Drews (1993) beschriebene Definition des erfolgreichen Kampfes scheint der Definition „Der Gewinner ist dominant, der Verlierer subdominant.“ sehr zu ähneln oder identisch zu sein. Beides sind strukturelle Definitionen, bei denen agonistische Verhaltensmuster Dominanz widerspiegeln.

7. „Dominanz ist der Mangel von Aggression.“ (In Bezug auf Zweierbeziehungen)

Diese Definition ist eine der populärsten in der modernen Literatur über Hundeverhalten. Drews (1993) beschreibt diese Definition als Ergebnis von Einschätzungen oder unterwürfigem Verhalten. Lernen und Erkennen von Individuen ist in dieser Definition nicht notwendig, und Dominanz kann nach einer einzigen Auseinandersetzung zugeschrieben werden. In dieser Definition schätzt jedes Tier das andere dahingehend ein, wer wahrscheinlich gewinnen würde, und das Tier, das sich unterwirft oder dessen Zugang zu Ressourcen auf diese Weise kontrolliert wird, hat einen niedrigeren Rang inne. Diese Definition konzentriert sich auf friedliche Beziehungen zwischen einzelnen Tieren. Es handelt sich um eine strukturelle Definition (Drews, 1993).

8. „Ständiger Gewinner im agonistischen Kontext" (in Bezug auf Zweierbeziehungen)

In diesem Dominanzsystem spiegeln ständige Siege in wiederholten agonistischen Auseinandersetzungen Dominanz wider. Der ständige Verlierer in diesen wiederholten Auseinandersetzungen ist das subdominante Tier. Diese Definition konzentriert sich auf die Asymmetrie von Beziehungen durch wiederholte Auseinandersetzungen. Erinnerung oder Lernen ist in diesem System nicht erforderlich (Drews, 1993). Es sind nur beständige Folgen von Siegen durch wiederholte Auseinandersetzungen irgendeiner Art nötig. Es handelt sich um eine strukturelle Definition.

9. „Ständiger Gewinner in einem bestimmten Kontext" (in Bezug auf Zweierbeziehungen)

Diese Definition berücksichtigt, dass der Kontext zu den Ergebnissen agonistischer Auseinandersetzungen beiträgt. In diesem System ist das Tier dominant, das in einer Reihe von agonistischen Auseinandersetzungen in einem bestimmten Kontext ständig siegt. Die Individuen werden nicht ohne Hinweis auf den Kontext dominant oder subdominant genannt, und jedes Tier in der Zweierbeziehung kann in unterschiedlichen Kontexten dominant sein. Diese Definition scheint zu gültigen Ergebnissen zu führen, kompliziert jedoch auch die Feststellung der Dominanz. Es handelt sich um eine strukturelle Definition (Drews, 1993).

10. „Vorrangiger Zugang zu Ressourcen” (in Bezug auf Zweierbeziehungen)

Diese Definition ist wahrscheinlich am verbreitetsten in der modernen, allgemeinen Literatur über Hundeverhalten sowie eine der gemeinhin akzeptierten Definitionen in der aktuellen wissenschaftlichen Literaturlandschaft. In diesem System ist das Tier dominant, das in der Zweierbeziehung eine Ressource erlangt oder behält. Auseinandersetzungen werden danach beurteilt, wer bei dem Streit Zugang zur Ressource erhält bzw. behält. Der Gewinner kann den Rangniederen vertreiben, oder der Rangniedere kann sich kampflos unterwerfen. Ausschlaggebend ist hier der Zugang zur Ressource. Es handelt sich um eine funktionelle Definition (Drews, 1993).

11. „Die Hackordnung“ (in Bezug auf Zweierbeziehungen)

Das ist die ursprüngliche Definition von Schjelderupp-Ebbe aus dem Jahr 1922. In diesem System dominiert A wiederholt B in agonistischen Auseinandersetzungen, und B dominiert A überhaupt nicht. Die Agonistik verläuft also nur in eine Richtung. Bei Hühnern wurde das Picken eines Gegners als bestimmende Variable verwendet. Bei Hunden könnte man diese Hypothese mit Hilfe einer Reihe von agonistischen Verhaltensweisen überprüfen, wie zum Beispiel das Auflegen der Pfote oder des Kinns auf den Rücken des Gegners oder vielleicht das Beißen oder Anstarren des Kontrahenten. Es müssten verschiedene Verhaltensweisen zur Überprüfung herangezogen werden, da möglicherweise einige oder auch alle nicht zu einer Korrelation führen würden, die stark genug ist, um die Nullhypothese zu widerlegen. Dieses System unterstellt Erinnerung und Lernen, da jedes Mitglied seinen Rang in Beziehung zu den anderen Mitgliedern lernt und die Hierarchie somit stabil bleibt. Das subdominante Tier stellt den Rang des dominanten Tieres nicht in Frage.

12. „Die angepasste Hackordnungsdefinition" (in Bezug auf Zweierbeziehungen)

Barrette und Vandal (1986) haben die Hackordnungsdefinition modifiziert. Drews (1993) beschreibt die modifizierte Version als „charakterisiert durch

a) Asymmetrie bei den Ergebnissen diverser agonistischer Interaktionen,
b) Vermeidung von Kämpfen durch Beschwichtigung durch entsprechendes Verhalten des Rangniederen und
c) Einfluss vorheriger Auseinandersetzungen auf nachfolgende Reaktionen auf Gegner".

Theoretisch, agonistisch

13. „Die zwischengeschaltete Variable" (in Bezug auf Zweierbeziehungen)

Dies ist die einzige theoretische Kategorie. Es wird davon ausgegangen, dass Dominanz eine Variable ist, die zwischen unabhängigen und abhängigen Variablen geschaltet ist (Drews, 1993; Hinde und Datta, 1981). Zum Beispiel sehen viele Lerntheoretiker den Lernvorgang als eine solche zwischengeschaltete Variable an (Hergenhahn und Olsen, 2001). Wir können Lernen nicht direkt beobachten; vielmehr gehen wir davon aus, dass es stattgefunden hat, indem wir eine ursprünglich unabhängige Variable (das, was die Reaktion hervorruft) und eine abhängige Variable (die Reaktion) beobachten und aufzeichnen. Wir nehmen an, dass Lernen stattgefunden hat, wenn die zu beobachtenden Variablen eine Wechselbeziehung aufweisen. In dieser Definition wird ebenfalls davon ausgegangen, dass Dominanz zwischen unabhängigen und abhängigen Variablen auftritt, nicht direkt sichtbar, doch erkennbar aus der Wechselbeziehung. Dominanz ist in diesem System nicht erblich (Drews, 1993).

Drews' Definition über „Das Wesen der Dominanz" (1993) (empirische, strukturelle Definition in Bezug auf Zweierbeziehungen)

Dominanz ist ein Merkmal bei wiederholten, agonistischen Interaktionen zwischen zwei Tieren, gekennzeichnet von einem gleichbleibenden Ergebnis zu Gunsten eines Mitglieds der Zweierbeziehung, bei dem sich der Gegner unterwirft, statt zu kämpfen. Der ständige Gewinner ist dominant und der Verlierer subdominant (Drews, 1993).

Es besteht allgemeine Einigkeit darüber, dass sich Dominanz auf agonistisches Verhalten bezieht. Drews (1993) hat die obige Definition entwickelt, die wertvolle Teile der vorherigen Definitionen vereint. Es ist eine empirische, strukturelle Definition, die den oben beschriebenen Definitionen der Hackordnung und der angepassten Hackordnung sehr ähnelt. Nach diesem Modell zeigt sich Dominanz dadurch, dass es bei agonistischen Auseinandersetzungen zwischen zwei Tieren einen ständigen Gewinner gibt und sich der Verlierer dem Gegner kampflos unterwirft. In diesem Fall ist das Erkennen von Individuen kein erforderliches Element der Definition. Die Unterwerfung kann darauf zurückzuführen sein, dass ein Mitglied aus früheren Erfahrungen gelernt hat, dass es wahrscheinlich verlieren würde, oder auf einen Einschätzungsprozess, bei dem ein Mitglied (aufgrund von Größe, Alter, Waffen usw.) einfach feststellt, dass es wahrscheinlich verlieren würde. Durch diese Anpassung der Definition wird sie anschaulicher als vorherige Definitionen und zu einer der wertvolleren und brauchbareren Dominanzdefinitionen.

De Waals Definition der „formalen Dominanz“

De Waal (1986) hat eine Definition vorgeschlagen, die von der üblichen Art der Definition von Dominanz mit Hilfe der Ergebnisse agonistischer Auseinandersetzungen abweicht. Frans de Waal leitet seine Definition folgendermaßen ein:

> *„Meistens wird Dominanz mit Hilfe der Begriffe ‚Gewinnen‘ oder ‚Verlieren‘, ‚Hacken‘ oder ‚Gehackt werden‘, ‚Einnahme‘ oder ‚Aufgabe von Besitz‘, ‚Picken‘ oder ‚Gepickt werden‘, ‚Annäherung‘ oder ‚Rückzug‘ usw. definiert. Die Definitionen betreffen die Ergebnisse von Auseinandersetzungen, nicht aber den Austausch von Kommunikationssignalen zwischen dominanten und subdominanten Tieren. Ihre Kommunikation ist jedoch normalerweise über einen gewissen Zeitraum konstanter und vorhersehbarer als die Ergebnisse von Auseinandersetzungen.“*

Es wird allgemein angenommen, dass das Verhalten des Rangniederen bemerkenswert gleichbleibend ist, während dies beim Verhalten des dominaten Mitglieds nicht der Fall ist (Rowell, 1966). De Waal (1986) berichtet, dass bei vielen Spezies Signale dazu tendieren, nur in eine Richtung zu verlaufen. Dies trägt dazu bei, eine hilfreiche Dominanzdefinition zu entwickeln. Frans de Waal sagt außerdem:

> *„Was bedeutet es, dass bestimmte Signale nur in eine Richtung verlaufen? Sicherlich lässt sich daraus folgern, dass die Richtung des Signals nicht durch solche Faktoren beeinflusst wird, die zu widersprüchlichen Ergebnissen bei Auseinandersetzungen führen können.“*

De Waal (1986) schlägt vor, für jede Spezies Signale zu bestimmen, die nur in eine Richtung verlaufen, um damit möglicherweise das Problem der mangelnden Korrelation von Variablen in vielen anderen Dominanzsystemen umgehen zu können. Schließlich stellt Frans de Waal ein Kontinuum der Dominanz fest:

> *„Was wir beobachten können, ist ein Kontinuum dominanzbezogener Verhaltensweisen, die von Signalen, die festgefügte Positionen innerhalb der Hierarchie zum Ausdruck bringen, bis hin zu den konkreten Ergebnissen von Konflikten reichen, wobei diese stärker variieren und nicht automatisch mit den durch Signale mitgeteilten Positionen übereinstimmen." (De Waal, 1986)*

De Waal (1986) erkennt, dass viele Faktoren zu dem Ergebnis von Auseinandersetzungen beitragen können, dass jedoch die anfänglichen Kommunikationssignale konstanter bleiben. Wie er annimmt, werden sie weniger von anderen verwirrenden Variablen beinflusst. Forscher müssen diese gleichbleibenden Kommunikationssignale für jede in Frage kommende Tierart bestimmen, sofern die Spezies tatsächlich konstante Signale zeigt. Das ist ein einzigartiger Ansatz zur Definition der Dominanz und fällt in die Kategorie empirischer, struktureller Definitionen in Bezug auf Zweierbeziehungen. Smuts (März 2003, persönliche Unterhaltung) befindet sich derzeit im Frühstadium der Untersuchung der formalen Dominanz in Bezug auf Haushunde (an der Universität von Michigan, USA). Sein Ziel ist es, konstante Kommunikationssignale zu bestimmen, die von Hunden eingesetzt werden, um den Status auszudrücken. Die Ergebnisse dieser Studie werden mit Ungeduld erwartet. Vielleicht werden Signale wie zum Beispiel die Position der Ohren oder der Rute gemessen. Möglicherweise werden auch aktive oder passive Unterwerfungssignale untersucht. Es scheint, dass diese Signale ritualisierter Aggression und aktiver sowie passiver Unterwerfung offensichtlich eine allgemeine Gültigkeit besitzen. Empirische Untersuchungen werden dies möglicherweise bestätigen.

Inwieweit eine solche Definition für eine Vorhersage oder eine Beschreibung von Wert ist, bleibt unklar. In diesem System wäre ein dominanter Hund derjenige, der zielgerichtet ritualisiertes, agonistisches Kommunikationsverhalten zeigt, wie beispielsweise anstarren, Pfoten auf den Rücken legen, imponieren, vorwärts gerichtete, steife Haltung, erhobener Schwanz, aufgestellte und nach vorne gerichtete Ohren und so weiter. Der subdominante Hund würde mittels zielgerichteten aktiven oder passiven Unterwerfungsgesten kommunizieren. Was sagt uns das an sich? Was können wir anhand dessen vorhersagen? Vielleicht, dass der dominante Hund wahrscheinlich weiterhin diese speziellen Signale aussenden wird und der subdominante Hund ebenso wahrscheinlich weiterhin Unterwerfungssignale zeigen wird. Angenonmmen, es findet kein Rollentausch statt und wir entdecken konstante, in eine Richtung verlaufende Signale bei Hunden, bleibt der Wert der Definition trotzdem fraglich, es sei denn sie kann weiterentwickelt werden. Wenn diese Verhaltensweisen konstant bleiben, die Ergebnisse von Auseinandersetzungen jedoch nicht, ist es wenig wahrscheinlich, dass wir einen Zusammenhang zwischen diesen Signalen einerseits und den Kampfergebnissen andererseits feststellen werden. Die Definition sieht die Bildung solcher Korrelationen nicht vor, wenn wir jedoch einen signifikanten Zusammenhang zwischen diesen konstanten Signalen und den Ergebnissen von Auseinandersetzungen aufzeigen könnten, wäre die Definition wesentlich wertvoller. Dies scheint allerdings wenig wahrscheinlich zu sein, da der Grund für die Bestimmung von konstanten Signalen in der Unbeständigkeit der Ergebnisse von Konfrontationen liegt. Ist nicht aber das Resultat einer Konfrontation das wichtige Merkmal, das wir vorhersagen möchten? Wenn ein Hund ständig dominante Signale aussendet, doch dann die meisten oder alle Auseinandersetzungen verliert, was haben wir dann eigentlich gewonnen, wenn wir diesen Hund als dominant betrachten? Ist die Definition der formalen Dominanz wirklich auf Auseinandersetzungen anwendbar? Wenn sie sich nicht auf Auseinandersetzungen bezieht, wozu dient sie dann? Auf den ersten Blick scheint man bei Hunden, die ständig unterwürfige Signale zeigen, davon ausgehen zu können, dass sie die meisten Konkurrenzsituationen verlieren würden (zumindest durch Vermeidung von Auseinandersetzungen). Vielleicht bietet die Definition der formalen Dominanz einen heuristischen Wert, indem sie zu lateralem Denken und der Formulierung von neuen Theorien anregt. Möglicherweise werden weitere Untersuchungen einen Zusammenhang zwischen der formalen Dominanz und den Ergebnissen von Auseinandersetzungen aufdecken können, sobald diese für eine Spezies nachgewiesen ist. Es bleibt eine sehr interessante Entwicklung in der aktuellen Klarstellung der Dominanzdefinitionen, da sie uns einen konstanten Wert liefert und uns erlaubt, klar festzulegen, ob es bei einer bestimmten Spezies oder Gruppe Dominanzbeziehungen gibt.

Dominanzstatus, Dominanzrang und Dominanzordnung

In der kynologischen Fachliteratur werden Begriffe wie Status, Rang und Rangordnung entweder synonym oder aber unkritisch verwendet. Zu Gunsten der Klarheit sollten diese Begriffe unterschieden werden. Dominanzstatus bezieht sich auf die Position eines einzelnen Tieres in einer Zweierbeziehung und kann je nach Resultat der statistisch ausgewerteten Ergebnisse von Auseinandersetzungen entweder dominant oder subdominant sein (Drews, 1993). Dominanzrang bezieht sich auf die Position eines Individuums in der Dominanzordnung (Rangordnung) (Drews, 1993). Der Status kann durch Messen agonistischer Ergebnisse von Auseinandersetzungen bestimmt werden. Der Rang kann durch Auswertung der Ergebnisse aller möglichen Zweierbeziehungen innerhalb einer Gruppe bestimmt werden. Die sich daraus ergebende Rangordnung kann linear oder nichtlinear sein. Eine lineare Rangordnung ist eine Dominanzordnung, bei der ein despotischer Anführer alle anderen Mitglieder dominiert. Das in der Rangordnung direkt darunter befindliche Mitglied dominiert alle anderen Mitglieder außer dem Ranghöchsten und so weiter. Mit anderen Worten, A dominiert alle

Tiere, B dominiert alle Tiere außer A, C dominiert alle Tiere außer A und B etc. Eine nichtlineare Rangordnung wäre weniger konstant und würde Ausnahmen von den obigen Regeln aufweisen.

Kritik an der Dominanztheorie

Die Dominanztheorie ist nicht nur bei vielen Hundetrainern und Tierpsychologen in der Praxis umstritten, sondern auch bei Forschern, Theoretikern und Akademikern aus dem Bereich der Verhaltensforschung. Seit 1922, als die Dominanztheorie auf Wirbeltiere angewendet wurde, wird sie heftig kritisiert, heutzutage wird sie von vielen gänzlich abgelehnt. Einige finden sie in bestimmten engeren Kontexten nützlich, wieder andere diskutieren weiterhin über Dominanzdefinitionen und fahren fort, ihre Merkmale und Mechanismen zu erforschen. Drews (1993) bietet eine klar und prägnant dargestellte Beurteilung der Nützlichkeit der oben beschriebenen Definitionen. Tilson (1981) gibt einen Überblick über einige allgemeine Kritikpunkte an der Dominanztheorie. Wir werden darauf noch näher eingehen.

Der beschreibende Wert der Dominanztheorie

Eine Definition der Dominanz hat hohen beschreibenden Wert, wenn sie sich auf etwas bezieht, worauf sich kein anderer bereits bestehender Begriff bezieht. Sie ist dann als nützlich zu bezeichnen, wenn man sie verwenden kann, um etwas von Anderem zu unterscheiden (Drews, 1993). Selbst wenn die Definition weder zur Beschreibung noch zur Erklärung dient, geht Drews (1993) davon aus, dass eine Definition trotzdem nützlich sein kann. Drews stellt fest, dass die folgenden Definitionen einen niedrigen beschreibenden Wert haben, da die Definition als Synonym für andere bereits eingeführte Begriffe verwendet wird, beispielsweise für „Aggression“ oder „Gewinner“: „Dominanz ist Aggressivität“, „Der Gewinner ist dominant, der Verlierer subdominant“, „erfolgreicher

Kampf", „Fortpflanzungsstatus" und „priviligierte Rolle". Die Verwendung des Begriffs der Dominanz in diesen Situationen ist nicht nützlich für die Beschreibung, Vorhersage oder Erklärung des Phänomens (Drews, 1993), da andere Begriffe und Schlüsselwörter verfügbar sind, die in den meisten Fällen weniger missverständlich oder umstritten sind.

Der vorhersagende Wert der Dominanztheorie

Eine Dominanzdefinition hat einen hohen vorhersagenden Wert, wenn das Ergebnis einer Interaktion zuverlässig aufgrund von zuvor beobachteten Interaktionen und deren Beurteilung anhand der fraglichen Definition vorhergesagt werden kann. Eine perfekte Vorhersagbarkeit ist nicht notwendig, jedoch soll der erhaltene Wert auf irgendeine Weise hilfreich sein. Ein gewisser Grad an Zuverlässigkeit der Vorhersage muss gegeben sein. Wie genau sollte die Vorhersage sein? Diese Frage stellt sich für den jeweiligen Forscher. Ein Problem hierbei ist, dass bei vielen Tierarten, einschließlich Hunden, Dominanz kontextabhängig sein kann und sich im Laufe der Zeit auch verändern kann (Rollentausch), was allgemeine Prognosen und zuverlässige Langzeitvorhersagen unwahrscheinlich macht. Drews (1993) erinnert uns daran, dass „der Grad der Genauigkeit der Vorhersagen kein Merkmal der Definition selbst ist, sondern des Verhaltens der studierten Tiere, und dass die Nützlichkeit solcher Vorhersagen von den in jedem einzelnen Fall gestellten Fragen abhängt".

Der erklärende Wert der Dominanztheorie

„Die Dominanz dient der Erklärung, wenn die Einführung des Begriffs und die Messung der Dominanz das Ausmaß bisher unerklärlicher Abweichungen bei den Daten reduziert." (Drews, 1993) Wenn uns eine Definition einen Weg bietet, die Unbeständigkeit bei den Interaktionen zu erklären (die bisher unerklärlich war), können wir davon ausgehen, dass sie der Erklärung dient. Für jede Definition müssen die von der Dominanz abhängigen Variablen bestimmt werden. Drews (1993) erläutert, dass der erklärende Wert eine den theoretischen Definitionen innewohnende Eigenschaft sein kann, jedoch nicht zwangsläufig eine Eigenschaft struktureller Definitionen. Wenn ein Forscher in seiner Studie nachweisen kann, dass eine Korrelation für die abhängige Variable besteht, kann das als Beleg für den erklärenden Wert der zwischengeschalteten Variable Dominanz angesehen werden.

Die Kontextabhängigkeit und unklare Natur der Dominanz führt zu einem Mangel an Vorhersagbarkeit.

Viele Kritiker (zum Beispiel Tilson, 1981; Chase, 1986) haben darauf hingewiesen, dass unterschiedliche Dominanzwerte schlecht miteinander korrelieren (das heißt, es besteht statistisch betrachtet kein eindeutiger Zusammenhang). Einige lineare Rangordnungen im Reich der Tiere, zum Beispiel bei Hühnern, sind auch in verschiedenen Kontexten sehr konstant, jedoch ist dies nicht allgemein gültig. In vielen Fällen ändert sich der Status eines Tieres in Abhängigkeit vom Zusammenhang. Ein Wolfsrüde kann, wenn es um Nahrung geht, dominant sein, ist jedoch bei der Aufzucht der Jungen rangniedriger als eine Wölfin (Mech, 1999). Tilson sieht das so:

> *„Das Dominanzkonzept kann nicht mehr zur Erläuterung herangezogen werden, wenn sich die Rangordnung für jeden Kontext ändert. Man gewinnt nur wenig, wenn für jede Konkurrenzsituation von einer getrennten Rangordnung ausgegangen wird. Eine vereinfachte Interpretation wäre, dass Individuen einfach in jeder Situation unterschiedliche Fähigkeiten haben, um miteinander zu konkurrieren."*

Normalerweise ist es schwierig, den Rang und die Rangordnung in Gruppen einfach durch Beobachtung der Ergebnisse von Konflikten zwischen zwei Tieren zu bestimmen. Die Schwierigkeit, Rangordnungen in mehreren Kontexten zu bestimmen, steigt exponentiell. Natürlich spielen auch weitere Faktoren eine Rolle. Angenommen, wir entwickeln zum Beispiel eine Rangordnung für wild lebende Hunde, die irgendwo in der Nähe einer Müllhalde leben. Wir beschließen, eine getrennte Rangordnung für Futter, Schlafplätze, Spielzeug, Paarungsmöglichkeiten und so weiter zu entwickeln. Die Rangfolgen werden, abhängig von der Anzahl der Hunde in der Gruppe, zunehmend schwerer zu handhaben. Außerdem kann es geschlechtsbezogene und saisonabhängige Unterschiede geben. Aufgrund anderer situationsbedingter Faktoren ist es unwahrscheinlich, dass wir eine signifikante Korrelation finden. Angenommen ein Hund, der normalerweise in einem bestimmten Kontext subdominant ist, ist bei einer Auseinandersetzung im Vergleich zu einem Gegner besonders ausgeruht. Dann würden wir hier vielleicht eine Rollenumkehrung beobachten. Oder angenommen, der Hund ist bei einer bestimmten Auseinandersetzung besonders hungrig und somit motivierter als ein satter Gegner. Tatsache ist, dass Motivationsfaktoren auch eingerechnet werden müssen, und damit werden diese Berechnungen sehr umfangreich, wenn es sich überhaupt bewerkstelligen lässt. Tilson (1981) fährt fort:

> *„Das Konzept der Dominanz wurde vor allem zur Interpretation verwendet, da Erfolg bei agonistischen Auseinandersetzungen häufig mit einem verbessertem Zugang zu Nahrung oder Paarungspartnern in Zusammenhang stehen. Die Tatsache, dass Dominanzränge in verschiedenen Kontexten manchmal kaum korrelieren, macht das Dominanzkonzept nicht unbedingt nutzlos, es zeigt aber die Unzulänglichkeiten einer zu stark vereinfachten Vorstellung von Dominanz.“*

Das lässt darauf schließen, dass die unklare und kontextabhängige Natur der Ergebnisse von agonistischen Auseinandersetzungen die Bestimmung einer Rangordnung sehr erschwert und umständlich macht, doch man kann sie trotzdem aufstellen. Bezieht man den Kontext ein, könnte man genauere Vorhersagewerte erwarten.

Rangordnung als Resultat von Stress und Gefangenschaft

Rangordnungen (wie sie in Untersuchungen an in Gefangenschaft lebenden Tieren festgestellt werden) sind in vielen Fällen das Ergebnis von Gefangenschaft und Stress (Rowell, 1974). In anderen Fällen „wird die Rangordnung möglicherweise eher durch die Studie verursacht als aufgezeigt“ (Rowell). Wenn wir einen fleischigen Knochen zwischen zwei Hunde werfen, die einander fremd sind, ist die Rangordnung, auf die wir daraus schließen, möglicherweise nicht das Ergebnis eines allgemein gültigen Ordnungsprinzips sozialer Beziehungen, sondern vielmehr eines unüblichen, ja sogar eines in der Natur sehr unwahrscheinlichen Ereignisses. „An dieser Stelle zeigen sich möglicherweise bedeutungslose Zusammenhänge. Daher müssen die Ergebnisse experimenteller Untersuchungen, die nicht mit unter natürlichen Bedingungen gemachten Verhaltensbeobachtungen übereinstimmen, mit Misstrauen betrachtet werden.“ (Rowell) Man hat wiederholt festgestellt, dass sich bei der Zusammenstellung in Gefangenschaft lebender Populationen unnatürliche Rangordnungen bilden. Diese Rangordnungen sind wahrscheinlich eine Reaktionen auf abnormale soziale Bedingungen. Der Großteil der Wolfsforschung erfolgt an in Gefangenschaft lebenden, nicht miteinander verwandten Tieren. Die Beobachtungen und Schlussfolgerungen beruhen auf künstlichen Bedingungen und spiegeln daher die Wirklichkeit eines natürlichen Wolfsrudels nicht wider – das heißt, sie sind ungültig.

Viele Aspekte der Mythologie der Dominanz beim Haushund werden aufgrund der nahen Verwandtschaft mit der beim Wolf gleichgesetzt. Selbst wenn 12.000 bis 14.000 Jahre Evolution das Sozialverhalten des Hundes nicht erheblich verändert hätten, können wir die Beobachtung von abnormalem Wolfsverhalten unter unnatürlichen Bedingungen nicht als Erklärung für das Verhalten von Hunden ansehen.

Bei in Gefangenschaft lebenden Tieren ist Stress weithin bekannt. Stress spielt auch eine erhebliche Rolle, wenn ein Tier eine agonistische Auseinandersetzung verliert. In der Natur wird der Stress dadurch reduziert, dass das Tier die Konfrontation vermeiden kann, und auch dadurch, dass die Tiere nicht in Gefangenschaft gehalten werden. In der Natur trägt Stress zur Bildung von Dominanzbeziehungen bei, und wahrscheinlich werden in einer sehr stressbelasteten Situation wie in Gefangenschaft unnatürliche Dominanzbeziehungen gebildet. Nichts davon lässt darauf schließen, dass Dominanzbeziehungen nur das Resultat von Gefangenschaft und Stress sind, aber sie werden dadurch beeinflusst. Tatsächlich wurden in natürlichen Tierpopulationen Dominanzbeziehungen festgestellt, daher ist Dominanz nicht ausschließlich eine Folge der Gefangenschaft.

Leben Hunde, die als Haustiere gehalten werden, „in Gefangenschaft“? Die Domestikation hat die Fluchtdistanz verringert und die Sozialisierung erleichtert. In dieser Hinsicht können wir Hunde nicht gerade als in Gefangenschaft lebende Tiere ansehen. Andererseits kann Stress zur Ausbildung abnormaler Sozialstrukturen beitragen. Möglicherweise gibt es mehrere Faktoren, die zu stressbedingtem Sozialverhalten beitragen könnten. Hunde, die in einem Haushalt mit mehreren Hunden leben, leiden unter Umständen an Stress aufgrund von zu engen Bedingungen beziehungsweise durch zu zahlreiche Erlebnisse, oder sie passen vielleicht nicht zu den anderen Hunden. In der freien Natur würden sich diese Hunde meiden, doch im Haus können sie das nicht. Es scheint, dass Stress aus verschiedenen Quellen zu einem Sozialverhalten beitragen kann, das für die gegebene stressige Umgebung geeignet ist. Dies könnte für stark variables Sozialverhalten sprechen, das weder einfach definiert noch vorhergesagt werden kann.

Überbetonung der Aggression

Tilson (1981) kritisiert die Dominanztheorie:

> *„Die vielleicht überzeugendste Kritik ist, dass die Dominanztheorie Aggression als organisierenden Faktor in sozialen Gruppen überbewertet (siehe Loy, 1975; Bernstein, 1976). Obwohl viele Konkurrenzsituationen durch Dominanzbeziehungen gelöst werden, sind die Bindungen, die auf gemeinsamen Interessen basieren, von entscheidender Wichtigkeit für das Fortbestehen des Gruppenzusammenhalts und für die Festlegung sozialer Beziehungen innerhalb von Gruppen. Die Dominanztheorie sollte nicht verworfen werden, doch Dominanzinteraktionen sollten nur als eine von vielen Methoden angesehen werden, wie Individuen ihre Interessen in sozialen Gruppen verfolgen."*

Das ist ein gutes Argument und eines, das nicht häufig vorgebracht wird. Die Dominanztheorie erweist sich unter bestimmten einschränkenden Umständen möglicherweise als nützlich, doch sie sollte in diesem Licht betrachtet werden und nicht als Allheilmittel.

Vererbung der Dominanz?

Beziehungen versus Eigenschaften

Die Debatte über die Erblichkeit von Dominanz dauert an (z. B. Moore, 1990; Moore, 1991; Capitanio, 1991; Barrette, 1993; Drews, 1993). Viele der Meinungsverschiedenheiten lassen sich darauf zurückführen, dass Uneinigkeit darüber bestand, ob Dominanz eine Eigenschaft eines einzelnen Tieres oder eine Beziehung zwischen zwei Tieren sei. Mittlerweile wird allgemein anerkannt, dass sich Dominanz auf eine Beziehung zwischen zwei Tieren bezieht.

Nachdem die Missverständnisse ausgeräumt wurden, scheint es, dass nun Einigkeit darüber herrscht, dass Dominanz kein Merkmal eines Individuums ist, sondern eine Beziehung zwischen zwei Tieren charakterisiert und daher nicht erblich ist. „Ein Grund, warum Dominanz nicht ererbt werden kann, ist, dass Dominanz ein Merkmal einer Beziehung und nicht eine Eigenschaft eines Individuums ist.“ (Barrette, 1993) Doch das bedeutet nicht, dass genetische Vererbung keinen Einfluss auf Zweierbeziehungen hat. Scott und Fuller (1965) haben vielleicht die umfangreichste Studie zur Genetik von Sozialverhalten bei Hunden durchgeführt. Es ist klar, dass die Genetik Einfluss auf Eigenschaften hat, die zu Dominanzbeziehungen beitragen (Scott und Fuller, S.165). Wenn man natürlich eine der Definitionen akzeptiert, die Dominanz als Eigenschaft eines Individuums festlegt, dann könnte man laut dieser Definition auf Dominanz züchten. Wenn wir eine auf Zweierbeziehung basierende Definition der Dominanz akzeptieren, können wir, obwohl wir der Meinung sind, dass relative soziale Beziehungen nicht gezüchtet werden können, ebenfalls der Meinung sein, dass bestimmte Eigenschaften von Individuen zu sozialen Beziehungen beitragen oder sie beeinflussen. Drews (1993) meint: „Andererseits lassen Zuchtversuche darauf schließen, dass es eine genetische Komponente der den Rang bestimmenden Faktoren gibt, wenn Dominanz als Eigenschaft von Beziehungen definiert wird.“ (Dewsbury, 1990) In dem Ausmaß, in dem diese Eigenschaften von Einzeltieren erblich sind, können wir bestimmte Einflüsse auf genetische Vererbung zurückführen.

Einige Eigenschaften, die möglicherweise erbliche Komponenten haben und das Verhalten des Individuums und somit soziale Beziehungen beeinflussen, sind möglicherweise Größe und Aggressivität, um nur zwei zu nennnen. In vielen Fällen berücksichtigt ein Tier die relative Größe bei seiner Beurteilung. Diese Beurteilung könnte zu einer kampflosen Unterwerfung führen und damit die sich daraus ergebende Beziehung beeinflussen. Wenn es aufgrund einer weitreichenden Übereinstimmung hinsichtlich der Waffen, der Größe, des Alters und anderer Faktoren zu einem

Kampf kommt, wird das Tier, das am meisten dazu neigt, schnell und heftig zu kämpfen, wahrscheinlich siegreich sein. In der Folge werden zukünftige Ergebnisse von Auseinandersetzungen möglicherweise dahingehend beeinflusst, dass dieses Tier mit höherer Wahrscheinlichkeit gewinnt, aber auch dahingehend, dass andere sich unterwerfen, ohne zu kämpfen - dank des Lernens und dem Erkennen von Individuen.

Physiologische Komponenten

Die Physiologie spielt bei der Bildung von Dominanzbeziehungen eine Rolle. Stressbedingtem Cortison und Testosteron, das die Aggressionsbereitschaft beeinflusst, kommen in dieser Hinsicht eine große Bedeutung zu. Es handelt sich jedoch nicht um eine einfache Beziehung. Testosteron zum Beispiel beeinflusst nicht nur das Verhalten, sondern reagiert auch darauf (Mazur, 1998). Mazur machte zwei Schlüsselbeobachtungen, wie Testosteron (mit T abgekürzt) mit dem Verhalten in Beziehung steht: „Erstens steigt T angesichts einer Herausforderung zunächst an, als ob es eine vorwegnehmende Reaktion auf eine bevorstehende Auseinandersetzung ist. Zweitens, nach der Auseinandersetzung steigt der Testosteronspiegel beim Gewinner und fällt bei den Verlierern.“ (Mazur, 1998) Es wird allgemein angenommen, dass Testosteron die Aggressivität steigert (Rowell, 1974).

Mazur (1998) sagt über Testosteron:

> *„T ist das Hauptandrogen, eine Klasse von Steroidhormonen, die männliche Merkmale entwickeln und erhalten. Obwohl T auch von Weibchen in der Nebennierenrinde und in den Eierstöcken erzeugt wird, wird es in sehr viel größeren Mengen von den Leydig´schen Zellen (Hodenzwischenzellen) der Testis produziert. T wird bei Männern in größeren Mengen in die Blutbahn abgegeben, daher können sich die gemessenen Testosteronspiegel innerhalb weniger Minuten erheblich verändern.“*

Bei Männern wird das im Blut zirkulierende Testosteron mit Dominanz, Aggression und dem Brechen sozialer Normen in Zusammenhang gebracht (Mazur, 1998). Vielleicht ist das die Grundlage oder zumindest ein Einflussfaktor bei der Kontrollkomplexaggression, wie sie von O'Heare (2001) definiert wurde.

Man hat festgestellt, dass bei Athleten der Testosteronspiegel vor Wettkämpfen steigt und beim Gewinner für ein oder zwei Stunden nach dem Wettkampf auf hohem Niveau bleibt (Mazur, 1998). Ähnliche Ergebnisse wurden auch bei nicht körperlichen, eher symbolisch orientierten Wettkämpfen festgestellt, wie zum Beispiel bei Schachturnieren (Mazur). Das Verlieren scheint einen hormonsenkenden Effekt zu haben (Mazur). Im Zusammenhang mit der Physiologie kann man sagen, dass bei Dominanzwettkämpfen ein Konkurrent versucht, den Gegner durch Stress auszustechen (Mazur). Die physiologische Reaktion auf Stress (die in diesem Kontext als Gegenpol zum Testosteroneffekt des Gewinners angesehen werden kann) kann in zwei Prozesse unterteilt werden – die Alarmreaktion (gesteigerte sympathische Nervenaktivität und Freisetzung von Adrenalin und Noradrenalin) sowie eine langfristige Reaktion (erhöhte Freisetzung von Adrenocorticotropin und als Folge Freisetzung von Glukokortikoiden (Nebennierenrindenhormonen), was als Anpassungssyndrom (General Adaptation Syndrome (GAS) bezeichnet wird (Deag, 1977).

Zusammenfassend lässt sich sagen, dass der Gewinner durch das bei ihm nachweisbare Testosteron dazu tendiert, reaktionsfähig und aggressiv zu sein, wohingegen der Verlierer durch den Einfluss der Glukokortikoide eher gestoppt oder gehemmt wird (Hsu und Wolf, 2001).

Anhand dieser Forschung lässt sich ersehen, dass der Effekt des Gewinnens und Verlierens physiologische Komponenten hat, die auch zum Prozess der Beurteilung und des Lernens beitragen. Es scheint, dass sich alle Prozesse, die das Verhalten beeinflussen, ergänzen, so dass diejenigen, die als Gewinner besser geeignet sind auch weiterhin gewinnen, und die weniger geeigneten dazu tendieren, Verlierer zu bleiben. Natürlich findet dies alles im Zusammenhang mit Motivationsfaktoren statt, die sich mit der Zeit und je nach Zusammenhang verändern. Dieser Vorgang ist bei den meisten sozialen Spezies so komplex, dass bisher noch nicht genau festgelegt werden konnte, wie man sich die Änderungen erklären soll.

TEIL 3
DOMINANZ BEI HAUSHUNDEN

In diesem Abschnitt geht es darum, die bisherigen Erkenntnisse mit den spezifischen Informationen über Haushunde in Einklang zu bringen, um besser verstehen zu können, wie die Dominanztheorie auf Hunde angewendet werden kann. Die Dominanztheorie und ihre Anwendbarkeit auf Hunde wird sowohl hinsichtlich der Beziehungen zwischen Hunden untereinander als auch die Beziehungen zwischen Hunden und Menschen betreffend beschrieben. Wir werden die Gültigkeit der Dominanztheorie in Bezug auf Hunde beurteilen und Alternativen zur Dominanztheorie untersuchen.

Aktive und passive Unterwerfung

Hunde verfügen über gemeinsame Kommunikationssignale, die es ihnen ermöglichen, sich anderen Hunden zu unterwerfen. Schenkel (1967) erläutert, dass subdominante Hunde (die er als „Rangniedere“ bezeichnet) auf dominante („Ranghöhere“) durch Meidung oder bei Bedarf mit defensiver Aggression reagieren. Wenn der dominante Hund die Unterwerfung oder Meidung nicht akzeptiert, wird sich der subdominante Hund als letzten Ausweg auch verteidigen. Wenn sich ein Hund in dieser Situation aggressiv verteidigt, kann der Begriff Unterwerfung nicht verwendet werden (Schenkel, 1967). De Waal (1986) weist darauf hin, dass Unterwerfung eine Folge von Ambivalenz ist: Wenn reine Angst die Motivation wäre, würde das Tier fliehen und niemals zurückkehren. Die

Tiere sind jedoch von Natur aus sozial und daher motiviert, soziale Nähe und soziale Bindungen beizubehalten. Man muss berücksichtigen, dass diese Ambivalenz auf einer Art Kosten-Nutzen-Abwägung basiert. Das Tier könnte die Gruppe tatsächlich verlassen, muss jedoch die Kosten und den Nutzen eines sozialen Lebens gegenüber denen eines einzelgängerischen abwägen. Beide Lebensweisen nehmen das Tier stark in Anspruch und beide bieten Nutzen. Eine Entscheidung erfolgt daher anhand der Gewichtung dieser Faktoren.

Schenkel (1967) formulierte eine hilfreiche Unterscheidung zwischen dem, was er aktive und passive Unterwerfung nannte, Begriffe die auch heute noch bei Kaniden verwendet werden (zum Beispiel Mech, 1999). Einer der Vorläufer der „Alpharolle" war vielleicht die Vorstellung von Konrad Lorenz, dass Unterwerfung etwas ist, was am Ende eines Kampfes auftritt, wenn eines der Tiere aufgibt. Unterwerfung, wie sie heute verstanden wird, tritt nicht während des Kampfes auf sondern davor, nämlich um eine Eskalation zu verhindern, und ist eine Reaktion auf erkundende Verhaltensweisen, die in erster Linie vom dominanten Hund ausgehen.

Die passive Unterwerfung umfasst Verhaltensweisen, wie in ruhender Position zu liegen und die Bauchseite der Brust sowie manchmal den Bauch zu zeigen. Das Zeigen des Bauches ist normalerweise eine Reaktion auf einen dominanten Hund, der den Genitalbereich des subdominanten Hundes untersucht. Die Ohren zeigen bei der passiven Unterwerfung nach hinten und nach unten, liegen flach am Kopf an, und die Rute wird tief gehalten, normalerweise zwischen den Schenkeln (Schenkel, 1967). Häufig wedelt der Hund leicht mit dem Schwanz. Gelegentlich sondert er eine kleine Menge Urin ab. Er bleibt still liegen, bis der dominante Hund seine Untersuchung beendet hat. Man nimmt an, dass die Aktionsmuster der passiven Unterwerfung das passive Verhalten von Welpen als Reaktion auf die elterliche Untersuchung und Reinigung widerspiegeln (Schenkel, 1967).

Anders als bei der passiven Unterwerfung ist der subdominante Hund bei der aktiven Unterwerfung bereit, aktiv in die Individualdistanz des dominanten Hundes einzudringen (Schenkel, 1967). Es scheint, dass aktive Unterwerfung während Begrüßungen oder nach einem Vorfall auftritt, bei dem Signale (außerhalb von Spielsituationen) missverstanden worden sind. Wenn es versehentlich zu einem Ereignis kommt, bei dem der dominante Hund den Eindruck erhalten könnte, dass der subdominante Hund ihn herausfordert, verwendet dieser möglicherweise die Signale der aktiven Unterwerfung, um eine Konfrontation zu vermeiden. Der sich aktiv unterwerfende Hund zeigt eine zusammengekauerte, kleine Pose mit nach hinten und unten zeigenden, an den Kopf angelegten Ohren und einer tief gehaltenen Rute, die sich häufig zwischen den Schenkeln befindet (Schenkel, 1967). Sich aktiv unterwerfende Hunde wedeln häufig mit dem Schwanz, doch meistens wedelt das gesamte Hinterteil und nicht nur der Schwanz. Sie stupsen mit ihrer Schnauze gegen die Nase oder das Maul des dominanten Hundes und lecken wiederholt mit kurzem Schlecken (Schenkel, 1967). Die Verhaltensweisen der aktiven Unterwerfung scheinen modifizierte Futterbettelreaktionen zu sein (Schenkel, 1967). Wahrscheinlich haben sich diese juvenilen Bettelaktionsmuster zu erwachsenen Unterwerfungsreaktionen entwickelt, um eine der elterlichen Duldsamkeit entsprechende Toleranz hervorzurufen. Mech (1999) schrieb, dass Futterbettelverhalten und Verhaltensweisen aktiver Unterwerfung für ihn „nicht voneinander zu unterscheiden“ waren.

Es gibt Zwischenformen der Unterwerfung. Es handelt sich nicht um eine Entweder-oder-Klassifizierung, sondern um ein zusammenhängendes Ganzes (Schenkel, 1967). In vielen Fällen, wenn sich zwei Hunde zum ersten Mal treffen, wird der selbstbewusstere oder mutigere Hund den anderen untersuchen, während der mit abgewendetem Blick still steht. Wenn beide etwa gleich selbstbewusst sind, erkunden sie einander gleichzeitig. Während sie sich kennen lernen, bildet sich eine Beziehung, und die aktive oder passive Unterwerfung wird häufig Bestandteil des Begrüßungs- oder Begegnungsverhaltens.

Schenkel (1967) geht näher auf die Beziehung zwischen dem dominanten und dem subdominanten Hund ein:

> *„... der Rangniedere und der Ranghöhere haben Einfluss. Unterwerfung kann sich beim Rangniederen nur entwickeln, wenn der Ranghöhere Toleranz zeigt oder zumindest nicht die Toleranzerwartung des Rangniederen zerstört. Die verschiedenen Arten der Unterwerfung entsprechen den Nuancen der Haltung des Ranghöheren. Je deutlicher letzterer Toleranz und Freundlichkeit zeigt, desto aktiver fällt die Unterwerfung aus. Je neugieriger und bedrohlicher der Ranghöhere wirkt, desto stärker neigt der Rangniedere zu passiver Unterwerfung."*

Wer bestimmt das Verhalten bei Auseinandersetzungen?

Rowell (1974) hat geäußert, es sei angemessener, von einer „Subdominanzordnung" statt von einer Dominanzordnung zu sprechen. Dieser Begriff weist darauf hin, dass es (zumindest bei in Gefangenschaft lebenden Pavianen) die Annäherungs- und Rückzugsverhaltensweisen der Subdominanten sind, die am besten mit dem Rang korrelieren, während ihm agonistische Dominanzverhaltensweisen sehr viel weniger entsprechen. Seither wird allgemein angenommen, dass subdominante Tiere den Verlauf von Interaktion stärker beeinflussen als das dominante Tier. Wahrscheinlich sind Einschätzung und Lernen die Mechanismen, die diesen Prozess bestimmen.

Strategien

Bei vielen Spezies sind dominante Tiere deshalb dominant, weil sie besonders aggressiv sind, und sie setzen ihre Fähigkeiten und ihre Kraft ein, um die anderen Gruppenmitglieder einzuschüchtern. Das ist jedoch keinesfalls immer so. Bei vielen Spezies akzeptiert das ranghöchste Tier Unterwerfungsverhalten und muss daher sehr selten auf aggressive Taktiken zurückgreifen. Es gibt eine Vielzahl von Strategien für die Erhaltung eines hohen Rangs. Ein Tier setzt möglicherweise häufig Aggression ein und erzeugt Angst, während andere einfach unabhängig und selbstbewusst sind und dadurch ihre Artgenossen, die diese Eigenschaften nicht so ausgeprägt aufweisen, ermutigen, sich zu unterwerfen. In vielen Fällen ist das ranghöchste Tier bereit, auf der Einhaltung einheitlicher Grenzen zu bestehen, wodurch sich schnell ein stabiles System erlernter Unterwürfigkeit entwickelt. In einigen Fällen ist das ranghöchste Tier vielleicht einfach das älteste, und die Unterwerfung ist das Resultat von Einschätzung und Gewohnheit. Die Veranschaulichung dieser verschiedenen Strategien dient nur dazu, darauf hinzuweisen, dass sich möglicherweise vielerlei Strategien für die Bildung sozialer Strukturen in Gruppen entwickelt haben. Wir können versuchen, eine allgemein gültige Definition für Dominanz zu formulieren, doch die Strategien, die eine bestimmte Gesellschaft tatsächlich einsetzt, um eine Sozialstruktur zu bilden, falls sie es überhaupt tut, werden von natürlicher Auslese und durch Lernprozesse bestimmt, und es ist unwahrscheinlich, dass alle Gesellschaften die exakt gleiche Vorgehensweise wählen.

Dies stellt ein gravierendes Problem für diejenigen dar, die die Dominanztheorie auf Haushunde übertragen möchten. Auf welche Bedingungen bezogen möchten wir die Dominanztheorie bei Hunden anwenden? Was genau ist die natürliche Umgebung eines Hundes? Sicherlich haben wir einige Daten über Populationen wild lebender und frei laufender Hunde, doch die meisten Besitzer von

Haushunden interessieren sich mehr für Beziehungen zwischen Hunden, die als Haustiere gehalten werden, und für die Beziehungen zwischen Hunden und Menschen. Sie wünschen sich eine Theorie, die erklärt, was sie sehen, und die vielleicht nützlich sein könnte, wenn unter Hunden oder zwischen Hunden und Menschen „Probleme“ auftreten. Sie suchen nach einer Theorie, die ihnen hilft, ihre Sozialbeziehungen zu gestalten. Bilden Hunde, die gemeinsam in einem Haushalt leben, einen sozialen Verband, an dem wir Dominanzbeziehungen untersuchen sollten? Sicherlich kann diese Situation (in gewissem Sinne) unnatürlich sein, doch wenn dies das System ist, in dem wir die Ergebnisse unserer empirischen Beobachtungen allgemein anwenden möchten, dann ist das möglicherweise ein guter Grund, insbesondere dieses System zu untersuchen. Was ist mit Gruppen einander relativ fremder Hunde in einem Hundeauslaufgebiet, einer Hundepension oder in einer ähnlichen Situation? Diese beiden Umgebungen werden sich wahrscheinlich in einigen Aspekten voneinander unterscheiden. Möchte man Dominanzsysteme bei Haushunden untersuchen, muss man diese Überlegungen berücksichtigen.

Wölfe und Hunde

Eines der größten Probleme in der Geschichte der Dominanztheorie bezüglich ihrer Anwendung auf Haushunde ist die direkte Übertragung von Erkenntnissen über Wolfsrudel auf Haushunde. Diese Vorgehensweise bringt mehrere Probleme mit sich. Einige dieser Schwierigkeiten werden nachfolgend aufgeführt.

Als erstes Problem stellt sich die Frage, inwieweit die direkte Übertragung von Schlussfolgerungen aus der Wolfsforschung auf eine andere Spezies Gültigkeit haben kann. Einerseits haben sie ein gemeinsames evolutionäres Erbe. Andererseits werden Hunde nicht ohne Grund als *Canis lupus familiaris* und nicht als *Canis lupus* bezeichnet. Sie sind nicht identisch, und einer der Hauptgründe, warum sich Hunde zu einer unterschiedlichen Gruppe entwickelt haben, ist, dass sie sich hinsichtlich ihrer Soziabilität unterscheiden. Sobald sie sich zu einer separaten Gruppe entwickelt hatten, führte künstliche Selektion zu weiterer Divergenz in der Soziabilität. In den letzten 12.000 bis 14.000 Jahren sind der domestizierte Hund und das wolfsähnliche Tier (der Vorfahre des heutigen Wolfs) eigene, getrennte Wege gegangen. Können sich in diesem Zeitrahmen erhebliche Unterschiede entwickelt haben? Mit Sicherheit. Belyaevs Arbeit mit der Zucht von Füchsen beweist, dass erhebliche Veränderungen hinsichtlich der Soziabilität in extrem kurzer Zeit auftreten können. Belyaev begann mit 465 Füchsen und züchtete ruhige, neugierige, statt ängstliche und aggressive (Coppinger und Coppinger, 2001) Tiere. Nach 18 Generationen (im Sinne der Evolution kein langer Zeitraum) hatte er hauptsächlich von Natur aus zahme Tiere, die sich ähnlich wie ein Haushund verhielten (Coppinger und Coppinger, 2001).

> *„Sie reagierten aktiv und positiv auf Menschen. Sie suchten nach ihren Pflegern, kletterten auf ihnen herum, nahmen Futter von ihnen, saßen auf der Fensterbank, um nach näher kommenden Menschen Ausschau zu halten, rollten sich auf den Rücken, um sich die Bäuche streicheln zu lassen, und ließen sich von Menschen herumtragen und impfen. Sie reagierten auf ihre Namen." (Coppinger und Coppinger, 2001, S.64)*

Hunde sind keine Wölfe – so viel ist klar. Aber ist die Ähnlichkeit groß genug, um annehmen zu können, dass wir Erkenntnisse über Wölfe in Gefangenschaft oder über frei lebende Wölfe auf unsere Haushunde in unserem Wohnzimmer oder im Park übertragen können? Ich denke nicht. Sie sind nicht übertragbar – jedenfalls nicht ohne Studien, die das bestätigen. Wir brauchen Studien über Hunde und nicht unbedingt nur über Wölfe. Können wir etwas über Hunde lernen, indem wir Wölfe beobachten? Mit Sicherheit, doch wenn wir ein grundlegendes Verständnis des Sozialverhaltens von Hunden erlangen möchten, müssen wir ab einem bestimmten Punkt Hunde selbst studieren. Wolfsverhalten wird nicht alle unsere Fragen beantworten. Wenn wir Menschen verstehen möchten, können wir etwas lernen, wenn wir Schimpansen studieren, doch wir können mehr lernen, wenn wir die Menschen selbst studieren. Genauso müssen wir Hunde studieren, wenn wir *ihre* Soziabilität verstehen möchten.

Das zweite Problem ist, dass die Wolfsforschung an sich mit Problemen behaftet ist. Die aktuelle Sicht des Sozialverhaltens von Wölfen ist aufgrund von Mythen, dem Mangel an Wissen und nicht stichhaltiger Forschung verzerrt. Ein Großteil der Erforschung des Sozialverhaltens von Wölfen wurde an in Gefangenschaft lebenden Wölfen und nicht an Wolfsrudeln in ihrer natürlichen Umgebung durchgeführt (Mech, 1999). Die Ergebnisse dieser Studien spiegeln sehr unnatürliche Umstände wider. Mech merkt an, dass diese Verhaltensstudien an Wölfen mit Studien über menschliches Sozialverhalten, die in Gefangenenlagern durchgeführt würden, vergleichbar seien. Er beschreibt ein normales natürliches Wolfsrudel als Familie, die aus miteinander verwandten Tieren besteht (Eltern und ihre Nachkommen), die in ihrer natürlichen Umgebung lebt und daher auch von natürlichen Reizen beeinflusst wird. Er schildert sie als sehr gewaltlose und friedliche Gruppe, die für eine begrenzte Zeit existiert, bevor die Nachkommen eigene Wege gehen, und bei der die Elterntiere dominanter (elterliche Autorität) als die Nachkommen sind. Welches Elterntier über das andere dominiert, ist vom jeweiligen Kontext abhängig. Was in diesen in „Gefangenenlagern" durchgeführten Studien beobachtet wurde, waren einander fremde (zuvor unbekannte) Wölfe, die nicht miteinander verwandt waren und die unter großem Stress zusammengeführt worden waren. In Folge dieser Bedingungen kam es zu gesteigertem Aggressionsverhalten und zu einer durch die Gefangenschaft verursachten Rangordnungsbildung. Leider erfuhren einige Hundeausbilder von diesen Informationen, und so begann die Entstehung eines Mythos. Lindsay (2001) erwähnt ein vielsagendes Zitat von Konrad Most (1910/1955):

„In einem Rudel junger Hunde finden heftige Kämpfe statt, um die Rangordnung im Rudel festzulegen. In einem aus Menschen und Hunden bestehenden Rudel gibt es aus Sicht des Trainers eine starke Konkurrenz um die Führung. Wenn diesem Zustand nicht durch den Hunden verständliche Methoden entgegengewirkt wird, endet es häufig damit, dass solche Tiere nicht nur ihre Ausbilder sondern auch andere Menschen angreifen und ernsthaft verletzen. Wie in einem Hunderudel kann die Rangordnung in einem aus Menschen und Hunden bestehenden Rudel nur durch körperliche Kraft hergestellt werden - das heißt durch einen Kampf, bei dem der Mensch sofort gewinnt. Man kann ein solches Ergebnis kann nur dadurch erreichen, dass man den Hund von der absoluten körperlichen Überlegenheit des Menschen überzeugt.“ (S.234)

Diese Aussage ist wahrscheinlich auf diese frühen nicht stichhaltigen Studien an in Gefangenschaft lebenden Wölfen zurückzuführen und keinesfalls auf die Beobachtung von Hunden. In der Natur und im Wohnzimmer sind Hunde nicht so gewalttätig. Diese Art von Überlebensstrategie kann möglicherweise an höchst gestressten, beengt lebenden Gruppen von nicht miteinander verwandten Wölfen beobachtet werden, ist jedoch nicht typisch für natürliches Wolfsverhalten und bestimmt kein typisches Hundeverhalten. Außerdem hängt die Interpretation der Beobachtungen von der theoretischen Ausrichtung ab, mit der gearbeitet wird.

Wenn Sie ein Anhänger der Freud´schen Psychoanalyse wären, würden Sie möglicherweise in allem, was Sie ansehen, ein Phallussymbol erkennen. Ebenso neigt ein Hundetrainer, der ein Anhänger der Dominanztheorie ist, dazu, in jedem von ihm beobachteten Hundeverhalten Dominanz zu sehen. Die Wissenschaft hat bewiesen, dass psychoanalytische Theorien weitgehend ungültig und ineffektiv sind (Maxmen und Ward, 1995). Ebenso zeigt die

Wissenschaft, dass die Dominanztheorie in vielen Kontexten ebenfalls nicht anwendbar ist.

Mech (1999) weist darauf hin, dass „... bisher niemand die hierarchischen Beziehungen in einem wilden Wolfsrudel quantitativ bestimmt hat". In Bezug auf Rangordnungen wissen wir nicht sehr viel über das Sozialverhalten von Wölfen. Doch Mech gibt uns ein klares Bild vom Sozialverhalten der Wölfe in den Sommermonaten, und es unterscheidet sich erheblich von den Mythen, die durch schlecht durchgeführte Studien an in Gefangenschaft lebenden Wölfen entstanden sind. Mech folgert über die Wolfsgesellschaft:

> *„Das typische Wolfsrudel sollte daher als eine Familie mit erwachsenen Elterntieren angesehen werden, bei der die Elterntiere die Aktivitäten der Gruppe lenken. Die Führung der Gruppe wird durch ein System der Arbeitsteilung untereinander aufgeteilt. Das Muttertier dominiert bei Aktivitäten wie der Jungenaufzucht und -verteidigung, während der Vater hauptsächlich bei Aktivitäten wie der Jagd, der Nahrungsbeschaffung und den damit verbundenen Wanderungen dominiert ..." (S.1202)*

Mech (1999) macht auch darauf aufmerksam, dass die „Alphawölfe" lediglich die sich vermehrenden Wölfe sind – also die Elterntiere. Er geht deshalb davon aus, dass es wenig angemessen ist, diese Tiere „Alpha" zu nennen und schlägt vor, sie lieber als Eltern- oder Zuchttiere zu bezeichnen, da diese Begriffe nicht so umstritten sind und eindeutige und eingeführte Bedeutungen haben. Da der Begriff „Alpha" nur einen niedrigen beschreibenden Wert hat, sollte er in diesem Zusammenhang lieber nicht benutzt werden.

Es ist wichtig zu wissen, dass Mechs (1999) Studie nur in den Sommermonaten durchgeführt wurde, also zu einem Zeitpunkt, zu dem sich die Wölfe auf einem relativ niedrigen Niveau ihres hormonellen Aktivitätsstatus befinden. Dadurch wird die Möglichkeit, die Ergebnisse auf andere Zeiträume zu übertragen, eingeschränkt (Beth Duman, März 2003, persönliche Unterhaltung).

Die Dominanztheorie begünstigt aggressive und feindselige Beziehungen zwischen Hunden und ihren Besitzern

Das Problem der Aggression in Beziehungen zwischen Menschen und Hunden, die darauf zurückzuführen ist, dass der Mensch sich in seinem Sozialverhalten dem Hund gegenüber von der Dominanztheorie leiten lässt, ist so ernsthaft, dass es einer eigenen Überschrift bedarf. Die schwerwiegendste Folge des Missverstehens der Dominanztheorie, und wahrscheinlich das beste Argument für die Ablehnung der Anwendung der Dominanztheorie auf Hunde, ist der Schaden, den sie an der Beziehung zwischen Menschen und Hunden angerichtet hat. Ich habe keine Daten dazu – die Aussage basiert auf meinen professionellen Beobachtungen als hauptberuflicher Hundeverhaltensberater und auch auf denen vieler meiner Kollegen. Die Dominanztheorie hat in einem aggressiven und von Konfrontationen gekennzeichneten Wettlauf um die Position des „Alphas" oder des „Rudelführers" Menschen gegen Hunde kämpfen lassen (wie es das obige Zitat von Most so eloquent beschreibt). Hundebesitzer wurden überzeugt, dass die meisten natürlichen Verhaltensweisen von Hunden Anzeichen dafür sind, dass der Hund einen „Regierungswechsel" anstrebt und durch einen Umsturz die Führung der Familie übernehmen möchte. Die Meinung, dass Hunde nach Status streben, ist weit verbreitet, und viele glauben, dass Hunde, sobald man ihnen eine kleine Chance gibt, den Alphastatus auch erlangen und fortan den Haushalt mit eiserner Faust (Pfote) regieren. Die Menschen haben viele Verhaltensweisen verzerrt interpretiert, um sie an ihre Theorie des Rangstrebens anzupassen. Sie haben es sogar geschafft, sich selbst davon zu überzeugen, dass Hunde bewusst die Alphaposition um ihrer selbst Willen anstreben, als ginge es um einen neuen Titel. Das ist natürlich eine stark vermenschlichte Sichtweise und extrem unwahrscheinlich.

Für den Hund sind solche von Konfrontationen und Aggressivität geprägten Beziehungen üblicherweise gleichbedeutend mit einer Lebensgeschichte, die durch fehlende Sicherheit gekennzeichnet ist. Zudem wird die Bindung zwischen Hund und Besitzer zerstört. Wie können Sie ein Tier lieben, von dem Sie überzeugt sind, dass es versucht, Sie vom Thron zu stoßen, und das nur bestrebt ist, der „Boss" zu sein? Es kann nicht genug betont werden, wie sehr die Dominanztheorie den Beziehungen zwischen Hunden und Menschen geschadet hat, und der Hund leidet am meisten unter den dadurch verursachten Problemen.

Es gab viele Versuche, die Öffentlichkeit über die Gefahren und den Wert der Dominanztheorie aufzuklären (Donaldson, 1996; Bach, 1999; O'Heare, 2001; O'Heare, 2002; O'Heare, 2003), doch offensichtlich es ist ein langsamer Prozess. Die vorliegende Arbeit ist ein weiterer Versuch, die Dominanztheorie und ihre Gefahren zu untersuchen. Kann die Dominanztheorie gerettet werden? Werden wir die Missverständnisse ausräumen und Vorteile aus der Dominanztheorie ziehen können? Das wird sich mit der Zeit zeigen.

Zwischenartliche versus innerartliche Dominanz

Dominanzbeziehungen zwischen Hunden

Beziehungen zwischen frei in der Stadt lebenden, frei auf dem Land lebenden und wilden Hunden

Die Dominanztheorie wird hauptsächlich angewendet, um die Beziehungen von Hunden untereinander zu verstehen. Daniels und Bekoff (1989) berichten in ihrer Studie über frei laufende Hunde in städtischen und ländlichen Gebieten, dass „die Hunde insgesamt eine stärkere Tendenz zeigten, Artgenossen aus dem Weg zu gehen, statt Gruppen zu bilden“. Sie neigen dazu, allein zu bleiben und Rudelverhalten zu vermeiden. Die durchschnittliche Gruppengröße betrug an einem Standort 1,24 (Varianz 0,78), 1,10 (Varianz 0,61) an einem weiteren Standort, 1,29 (Varianz 0,68) an dem dritten und 1,32 (Varianz 0,65) am vierten Standort. Auf dem Land waren die Gruppen signifikant größer als in der Stadt (Daniels und Bekoff, 1989). Daniels und Bekoff berichten, dass vorherige Studien (zum Beispiel Beck, 1973; Daniels, 1983) ebenfalls zu dem Ergebnis kamen, dass Hunde in der Stadt und auf dem Land dazu neigen, als Einzeltier zu leben. „Außerdem waren diese Hunde wahrscheinlich nicht so sozial, wie man erwartet hätte, weil das Leben in Gruppen für sie nur wenige Vorteile bot. Neben den aus menschlichen Siedlungen stammenden Nahrungsquellen werden knappe Ressourcen in der Stadt und auf dem Land besser von Einzeltieren als von größeren Gruppen genutzt.“ (Daniels und Bekoff, 1989) Man fand heraus, dass sich in freier Natur lebende („wilde“) Hunde eher zu Gruppen zusammenfanden als die in der Stadt oder auf dem Land frei laufenden Artgenossen (Daniels und Bekoff, 1989). Daniels und Bekoff wiesen darauf hin, dass das Leben in einer Gruppe für wild lebende Hunde manchmal Vorteile bietet, in anderen Fällen aber von Nachteil sein kann. Das sich aus dieser Studie ergebende Bild vom Sozialverhalten deutet darauf hin, dass frei laufende Hunde auf dem Land und in der Stadt sowie wild lebende Hunde nicht generell Rudel bilden, sondern eher einzelgängerisch leben. Die sich entwickelnden Gruppen bestehen häufig aus erwachsenen Tieren und deren Nachkommen, bevor diese abwandern. Sie sind nicht groß, und die erwachsenen Hunde können manchmal vorübergehend Mitglied sein (stoßen zur Gruppe und verlassen sie nach kurzer Zeit wieder). In dieser Studie war es nicht möglich, die Verwandtschaftsbeziehungen festzustellen, doch angesichts des Vorhandenseins von Nachkommen ist zu vermuten, dass Verwandtschaft bei der Gruppenbildung eine Rolle spielt. Im Wesentlichen scheint es, dass Hundegruppen in der „Natur“ (Stadt, Land und in freier Wildbahn) lose Verbände sind und dass das Leben in der Gruppe meist keinerlei Vorteile bietet und manchmal von kurzer Dauer ist.

Boitani, Francisci, Ciucci und Andreoli (1995) beobachteten Populationen verwilderter Hunde in Italien. Sie definieren ein Rudel als eine soziale Einheit, die als stabile Gruppe jagt, Nachkommen aufzieht und ihr gemeinsames Territorium verteidigt. Boitani et al. beschreiben, dass die von ihnen beobachteten verwilderten Hunde diese Kriterien nur eingeschränkt erfüllen: Nicht alle Tiere sind miteinander verwandt, und sie folgen nicht den exakten Regeln des Rudellebens. Daher gehen sie davon aus, dass „der Begriff Gruppe angemessener zu sein scheint als der Begriff Rudel“. (Boitani et al., 1995, S.233). Boitani et al. bieten eine großartige Zusammenfassung von Literatur, auf die ich selbst nur schwer zurückgreifen konnte:

> *Zwei Studien in Alabama beschreiben Gruppengrößen von zwei bis fünf bzw. zwei bis sechs Tieren (Scott und Causey, 1973; Causey und Cude, 1980). Daniels und Bekoff (1989b) berichteten von zwei bis vier Tieren pro Gruppe in einer Population verwilderter Hunde in Arizona, und Nesbitt (1975) ermittelte eine durchschnittliche Gruppengröße von fünf bis sechs Tieren in seiner fünfjährigen Studie an verwilderten Hunden in Illinois. Obwohl die von Boitani und Racana (1984) untersuchten verwilderten Hunde in Basilicata (Süditalien) meist paar-*

> *weise beobachtet wurden, stimmt die Gruppengröße von drei bis sechs erwachsenen Tieren in ihrer aktuellen Studie (Abb. 15.10) mit den zuvor angeführten Ergebnissen überein. Studien an frei laufenden Hunden in Städten berichten hauptsächlich von Einzeltieren oder Paaren (Beck, 1975; Berman und Dunbar, 1983; Daniels, 1983a,b; Hirata, Okuzaki und Obara, 1986; Daniels und Bekoff, 1989b; Macdonald und Carr, Kapitel 14), ... (S.233)*

Dies weist darauf hin, dass Hunde, anders als zum Beispiel Wölfe, streng genommen keine Rudeltiere sind. Doch wie bereits beschrieben, finden sich Tiere als Reaktion auf Umweltanforderungen in unterschiedlichem Ausmaß zu Gruppen oder Rudeln zusammen. Einige Umgebungen machen das Zusammenleben in Gruppen als Überlebensstrategie für jedes Individuum erforderlich, andere Bedingungen verlangen ein Leben als Einzelgänger oder in Kleingruppen. Es scheint, dass Hunde in Städten und auf dem Land hauptsächlich einzelgängerisch leben, während verwilderte Hunde eher dazu neigen, Gruppen zu bilden. Boitani et al. (1995) weisen darauf hin, dass die Tendenz des Hundes, andere Sozialkontakte einzugehen, durch bestehende Bindungen zu Menschen verringert wird. Bei wild lebenden Hundepopulationen - im Gegensatz zu Hundepopulationen in Städten und auf dem Land - kann die Präsenz von Raubtieren, wie zum Beispiel Wölfen, dazu führen, dass die Gruppenbildung eine Anpassung darstellt (Boitani et al., 1995). Erhöhte Wachsamkeit und verbesserte Verteidigungsmöglichkeiten könnten dazu beitragen. Sie stellten außerdem fest, dass die gebildeten Gruppen während ihrer dreijährigen Studie die Tendenz zeigten, stabil zu bleiben.

Ein weiterer interessanter Aspekt des von Boitani et al. (1995) berichteten Sozialverhaltens ist, dass Hunde „...als einzige Vertreter der Kaniden keinerlei elterliche Pflege zeigen..." (S.235) Das Vatertier hilft dem Muttertier nicht bei der Aufzucht der Jungen, wie es beispielsweise Wölfe tun. Die Domestikation könnte bei der Entwicklung dieses sozialen Merkmals eine Rolle gespielt haben

(Boitani, et al., 1995). Dies zeigt anschaulich, dass es Situationen gibt, in denen sich Wölfe und Hunde hinsichtlich ihres Sozialverhaltens unterscheiden.

Ein weiterer Unterschied zeigt sich in Zusammenhang mit der Paarung. Bei Wolfsrudeln pflanzt sich (mit einigen Ausnahmen) nur ein dominantes Weibchen fort, die anderen Weibchen des Rudels dagegen normalerweise nicht. In den Hundegruppen gibt es keine Anzeichen für Versuche, die Fortpflanzung eines subdominanten, erwachsenen Tieres zu kontrollieren (Boitani, et al., 1995). „Alle Weibchen pflanzten sich fort…" (Boitani, et al., 1995) Die Soziabilität des Wolfes und des Haushundes scheinen sich in vielen Aspekten zu unterscheiden. Ein Grund für die Rudelbildung bei Wölfen ist die Anpassung an die Jagd auf große Beutetiere. In der Studie von Boitani et al. fand sich in drei Jahren kein Hinweis, dass große Beutetiere gejagt würden. Das könnte einer von vielen Faktoren sein, der die Soziabilität und die Gruppen- oder Rudelbildung von Haushunden im Vergleich zum Wolf beeinflusst.

Hunde sind eindeutig soziale Tiere. Sie spielen miteinander und mit uns Menschen. Sie entwickeln Trennungsangst, wenn sie allein gelassen werden, folgen uns und lassen sich allerlei Arten falschen Verhaltens von uns gefallen. Das Ziel dieses Abschnitts ist es aufzuzeigen, dass Hunde von Natur aus keine in organisierten Gesellschaften lebenden Rudeltiere sind. Sie sind bei der Nahrungssuche auf Müllhalden und an anderen Futterquellen eher Einzelgänger, die, um sich fortzupflanzen oder aus anderen Gründen, für kurze Zeit zusammentreffen. Wenn keine großen Beutetiere erlegt werden müssen oder keine Notwendigkeit besteht, sich gegen gefährliche Raubtiere zu verteidigen, ist es möglicherweise nicht nötig, in Gruppen zu leben. Dominanz ist eine Funktion organisierter Gesellschaften oder Gruppen. Informationen über die genaue Beschaffenheit der Sozialstrukturen dieser Gruppen existieren kaum. Man neigt schnell dazu anzunehmen, dass die Sozialstruktur nicht so geordnet oder stabil ist, wie zum Beispiel in einem Wolfsrudel – und dass verwilderte Hunde andere unter bestimmten Umständen zwar tolerieren können, jedoch im Allgemeinen Einzelgänger sind. Sie jagen keine großen Huftiere, was auch ein nennenswerter Grund für die Bildung einer Gruppe ist.

Beziehungen zwischen als Haustier lebenden Hunden

Hunde in Haushalten leben normalerweise allein oder mit einem weiteren Artgenossen. Nur eine kleine Anzahl von Haushalten hält drei oder mehr Hunde. Normalerweise sind die Hunde nicht verwandt, und in vielen Fällen gehören sie verschiedenen Rassen an und haben ein unterschiedliches Alter. Wir wissen, dass, wenn wir zwei Hunde miteinander bekannt machen, sie sich normalerweise gegenseitig optisch einschätzen und bei näherem Kontakt nach Hinweisen auf die Absichten und die Konkurrenzfähigkeit des anderen suchen. In vielen Fällen folgen Spiel und andere Signale, die dem Kennenlernen dienen. Zu Spielen liefert möglicherweise weitere Informationen für die Einschätzung der relativen Fähigkeiten und Stärken des Gegners (Fagen, 1981). Wenn einer der Hunde aktive oder passive Unterwerfung zeigt, reagiert der andere normalerweise nicht mit Kampf. Wenn keiner Unterwerfung signalisiert, wird manchmal gekämpft. Manchmal zieht sich ein Hund einfach zurück, in anderen Fällen auch beide Hunde. Wenn es zum Kampf kommt, handelt es sich üblicherweise um laute, kurze Auseinandersetzungen. Sie sind normalerweise ritualisiert und wahrscheinlich ein Teil des Beurteilungsprozesses unter Hunden. Normalerweise lösen sich diese Konfrontationen zur Beurteilung von selbst auf, vermutlich sobald jeder Hund zu lernen beginnt, ob er in dieser Zweierbeziehung dominant oder subdominant ist. Mit jedem Kontakt scheint das Gruppenmitglied eine Erwartungshaltung zu entwickeln, was wahrscheinlich das Ergebnis der Begegnung mit einem Konkurrenten sein wird. Diese ändert sich je nach Kontext und der relativen, individuellen Motivation eines jedes Tieres. Dadurch wird der Vorgang komplizierter und ist, zumindest anfangs, schwer vorherzusagen.

Es ist wichtig, darauf hinzuweisen, dass der Faktor der Territorialität den Sachverhalt verkompliziert. Wenn einer der Hunde in dem Territorium lebt, und der andere ein Neuankömmling ist, wird der dort lebende Hund häufig motivierter sein, das Territorium zu verteidigen. Allgemein ausgedrückt sind die Hunde, die in dem Territorium leben, motivierter und gewinnen daher häufig Auseinandersetzungen, selbst wenn der Gegner vielleicht größer ist und unter anderen Umständen wahrscheinlich gewinnen würde. Dies ist ein verbreitetes Prinzip der Verhaltensökologie und bei vielen Spezies zu finden (Siiter, 1999).

Während sich die Beziehung zwischen den beiden Hunden des Haushalts entwickelt, lernen die Hunde in den meisten Fällen, miteinander umzugehen. Sie entwickeln normalerweise ein auf Ressourcen bezogenes Unterordnungssystem, und häufig entsteht eine Bindung, durch die Kämpfe vermieden werden.

Bei Dreierbeziehungen kann es lineare oder nicht-lineare Beziehungen geben. Ein lineares System ist, wie bereits beschrieben, folgendes: A dominiert B, und B dominiert C, daher dominiert A auch C. Nicht-lineare Dreierbeziehungen sind diejenigen, bei denen A B und B C dominiert, gleichzeitig möglicherweise aber C im Vergleich zu A dominant ist. Der Sachverhalt ist kompliziert, da sich das System je nach Zusammenhang erheblich ändern kann und Sie deshalb möglicherweise jeweils eine der Formeln für viele verschiedene Kontexte benötigen. Außerdem gibt es noch weitere Faktoren, die wir auf „Triebe“ oder Bedürfnisse (Motivation) zurückführen können, sowie weitere Faktoren, die wir nicht identifizieren können. Ab einem bestimmten Punkt wird die Formel so komplex, dass Sie möglicherweise zwar intuitiv das Ergebnis vorhersagen können, jedoch handelt es sich bei dem mathematischem Modell der Beziehungen um eine sich ständig ändernde und so komplexe Reihe von Berechnungen, dass dadurch die Gültigkeit der Definition in Frage gestellt wird. Außerdem entwickelt sich die Beziehung mit der Zeit weiter. Einige Beziehungen scheinen intuitiv leicht vorhersagbar zu sein, bei anderen hingegen ist es unmöglich.

Ein ähnlicher Einschätzungsprozess steuert auch die Beziehungen zwischen einander fremden Hunden auf Spaziergängen, in Hundeauslaufgebieten, in Hundepensionen und bei ähnlichen Gegebenheiten. Oft werden Beziehungen durch soziale Begünstigungen komplizierter. So können sich beispielsweise Gruppen von Hunden gegen einen Neuankömmling verbünden.

Drews‘ (1993) bereits beschriebene Definition vom Wesen der Dominanz erlaubt es uns, bei Hunden beobachtete Verhaltensweisen zu erklären. Wenn es darum geht, Verhalten zu erklären oder zu beschreiben, ist sie von hohem Wert. Ihren vorhersagenden Wert zu bestimmen, ist wahrscheinlich komplizierter. Für kleine Gruppen mag diese Aufgabe noch zu bewältigen sein. Es bedarf jedoch noch weiterer Forschungsarbeit, um aufzuzeigen, inwieweit wir mit Hilfe dieser auf Haushunde angewendeten Definitionen eine Vorhersagbarkeit des Verhaltens erreichen können.

Dominanzbeziehungen zwischen Hunden und Menschen

So weit ich weiß, wurde noch keine (!) Forschung zur Bestimmung der Dominanz zwischen Hunden und Menschen durchgeführt. Zwischenartliche Dominanz ist die Grundlage vieler Bücher, in denen den Besitzern geraten wird, ihre Hunde zu dominieren. Dort wird angenommen, dass zwischen Menschen und Hunden Dominanzbeziehungen bestehen. Ist das möglich? Es gibt keine empirischen Beweise als Antwort auf diese Frage, jedoch scheint die Möglichkeit zu bestehen, dass ein Hund einen menschlichen Gegner hinsichtlich der Wahrscheinlichkeit, eine Auseinandersetzung zu gewinnen, einschätzen könnte. Sicherlich wäre die Einschätzung eines Artgenossen sehr viel genauer als die Einschätzung einer Spezies mit völlig anderer Morphologie. Vielleicht ist die relative Größe wichtig. Um diese Frage beantworten zu können, bedarf es entsprechender Forschungen. Erlernte subdominante Beziehungen könnten für die Bildung einer Beziehung, bei der es um Führen und Folgen geht, für Hunde wichtig sein. Vielleicht lernen Hunde, wenn sie jung sind, Menschen zu folgen, so wie sie lernen, ihrer Mutter zu folgen. Um Antworten auf diese Fragen zu finden, ist ebenfalls weitere Forschungsarbeit erforderlich. Wir wissen derzeit nur sehr wenig darüber, wie Dominanzbeziehungen zwischen Hunden und Menschen gebildet werden. Fest steht allerdings, dass Menschen ihren Hunden über positive Verstärkung beibringen können, erwünschtes Verhalten zu zeigen. Es bleibt daher unklar, weshalb die Dominanztheorie erforderlich sein sollte.

Dominanz und Aggression – das eigentliche Problem

Das eigentliche Problem, das mit Hilfe der Dominanztheorie gelöst werden soll, ist die Dominanzaggression. Gäbe es die Gefahr der Aggression nicht, wäre Dominanz ein viel weniger wichtiges Thema. Viele Autoren haben versucht, sich vom Dominanzparadigma zu lösen, um die mit dem Begriff Dominanz verbundenen Missverständnisse zu vermeiden. Lindsay (2001) spricht von „kontrollbedingter Aggression", O'Heare (2001) von „Kontrollkomplexaggression", und Donaldson (1996) beschreibt lieber genau, was der Hund tut und was er stattdessen tun sollte. Sie verlässt sich lieber auf das Training statt auf die mit der Dominanztheorie verbundene Herabstufung des Rangs. Bach (1999) löst sich bei der Erklärung von Aggression ebenfalls von der Dominanztheorie.

Das als Dominanzaggression (Overall, 1997, S.512), kontrollbedingte Aggression (Lindsay, 2001, S.168) oder Kontrollkomplexaggression (O'Heare, 2001, S.29 [S.39 in der zweiten überarbeiteten Ausgabe aus dem Jahr 2003]) bekannte Phänomen bezieht sich auf einen Hund, der in Situationen, in denen Menschen sein Verhalten passiv oder aktiv kontrollieren, unangemessen aggressiv reagiert. Wie aus der Dominanztheorie sicherlich zu entnehmen ist, würde ein dominantes Tier mit größerer Wahrscheinlichkeit das Verhalten anderer aggressiv kontrollieren, während das bei einem subdominanten Tier weniger wahrscheinlich wäre. Allerdings hängt das natürlich von der Sichtweise ab. In gewisser Hinsicht kontrollieren subdominante Hunde das Verhalten dominanter Hunde durch die von ihnen eingesetzten Beschwichtigungssignale, doch dies ist keine aggressive Kontrolle. Andererseits kann man von einem dominanten Hund annehmen, dass er anderen Tieren gegenüber wenig Toleranz zeigt, ihnen Dinge wegnimmt, die sie haben möchten, sie „grob behandelt", wenn sie keinen solchen Kontakt möchten, oder einfach seinen Frust an ihnen auslässt.

Was kann uns die Dominanztheorie in Bezug auf Beziehungen zwischen Hunden zur Beschreibung, zur Erklärung, zur Vorhersage oder für den Umgang mit Problemverhalten bieten? Die Dominanztheorie würde uns glauben lassen, dass dieser Hund den Artgenossen vielleicht eingeschätzt hat oder aus vorherigen Auseinandersetzungen gelernt hat, dass er der dominantere in der Zweierbeziehung ist, und daher nicht fürchtet zu verlieren - er verhält sich intolerant, es sei denn, der andere Hund zeigt aktive oder passive Unterwerfungssignale. Wird sich diese Hypothese als Erklärung bezahlt machen? Vielleicht in einigen Fällen. Offensichtlich ist der Verstand des Hundes sehr komplex (wie sich aus der großen Varianz bei an Hunden beobachteten Verhaltensreaktionen ersehen lässt), und in vielen Fällen reagiert der dominante Hund selbst auf die kleinste unerwünschte Aktion intolerant. Viele dieser Hunde zeigen eine abnormale Reaktionsbereitschaft, so dass es in diesen Fällen eher angebracht scheint, den Begriff Psychopathologie zu verwenden statt Dominanz, vor allem, weil sich Dominanz auf normales Sozialverhalten bezieht. Tatsächlich stellen diese Hunde das eigentliche Problem dar. Normale Hunde entwickeln möglicherweise ein Aggressionsproblem, das mit Hilfe der Dominanztheorie erklärt werden kann, jedoch sollten sie dann das unerwünschte Verhalten nur zeigen, wenn sie auf einen Hund gleicher Größe, Motivation usw. treffen, der ebenfalls selbstbewusst ist.

Was bietet uns die Dominanztheorie in Bezug auf eine mögliche Vorhersage? Wir würden mutmaßen, dass Aggressionen hauptsächlich zwischen sehr ähnlichen Hunden auftreten sollten. So weit ich weiß, ist dies nicht empirisch untersucht worden. Rein intuitiv würden wir in diesem Fall der Vorhersage keinen hohen Wert zuschreiben, da sich viele sehr ähnliche Hunde begegnen, ohne dass es zu einem Kampf kommt. Oftmals wird nicht einmal auf Ritualisierung zurückgegriffen. In vielen Fällen spielen die Hunde lediglich. Den Begriff „ähnlich" zu definieren, könnte hilfreich sein, jedoch in vielen Fällen ereignen sich bei diesen Begegnungen keine agonistischen Eskalationen.

Welche anderen Faktoren könnten eine Rolle spielen? Es scheint, dass einige Hunde motivierter sind oder ein extremeres Konkurrenzdenken aufweisen, während dies auf andere nicht zutrifft. Folgt man der Intuition, so scheint dies der entscheidende Faktor zu sein. Ohne Mutmaßungen über beteiligte kognitive Prozesse anzustellen, bleibt es schwierig, diesen Faktor zu berücksichtigen. Vielleicht können wir bestimmte Kriterien festlegen, die mit unserer Vorstellung von einem selbstbewusst-konkurrierenden Hund korrelieren. Wenn wir Verhaltensweisen finden könnten, die direkt zu beobachten wären und verlässlich auf einen solchen Hund hinweisen, könnten wir sie in die Theorie integrieren und somit einen höheren vorhersagenden Wert erhalten. Das bleibt abzuwarten.

Warum sollten wir den Begriff Dominanz verwenden? Können die Interaktionen und Beziehungen zwischen Hunden durch andere bestehende, vielleicht einfachere Theorien oder Begriffe erklärt werden? Warum sollen wir eine neue Theorie formulieren, um eine etablierte zu ersetzen, wenn sie sich auf die gleiche Sache bezieht? Eine Antwort ist: Um sich von einer Theorie zu lösen, die bekanntermaßen Probleme bereitet, allgemein missverstanden wird, umstritten ist und einen eher heuristischen Wert bietet. Es ist Ansichtssache, ob die Dominanztheorie völlig fallen gelassen werden sollte und ein neues Paradigma an ihre Stelle treten sollte. Die Frage bleibt offen, doch der Trend scheint dahin zu gehen, sich von der Dominanzdebatte zu entfernen und sich lieber auf solche Komponenten wie Einschätzung, Lerngeschichte, Kontrolle, Verteidigung, Besitz von Ressourcen und so weiter zu beziehen.

Was bietet uns die Dominanztheorie im Zusammenhang mit Beziehungen zwischen Menschen und Hunden? Mir ist keine Forschungsarbeit zu diesem Thema bekannt. Es ist denkbar, dass Hunde die menschlichen Familienmitglieder als eine soziale Gruppe ansehen und ihr ordnendes Sozialverhalten in diesem Kontext anwenden. Es ist vorstellbar, dass Hunde uns auf irgendeine Art einschätzen und Aggression einsetzen, wenn sie motiviert genug sind, sich gegen Kontrolle zu wehren. Warum müssen wir den Begriff Dominanz verwenden, um das zu beschreiben? Warum sagen wir nicht einfach, dass es ein bestimmter Hund nicht toleriert, kontrolliert zu werden, oder dass er eine niedrige Aggressionsschwelle hat? Die Dominanzalternative ist, davon auszugehen, dass sich der Hund in dieser Beziehung für dominant hält. Es ist jedoch nicht klar, ob das der Fall ist. Vielleicht bedeutet es einfach, dass der Hund sich selbst als überlegen eingeschätzt hat oder durch vorherige Auseinandersetzungen gelernt hat, dass sich der Mensch unterwerfen wird. Noch einmal, warum ist diese Dominanzvorstellung notwendig oder hilfreich? Warum sollen wir das Verhalten nicht mit den Begriffen Einschätzung beziehungsweise Lerntheorie erklären? Sicherlich ist die Lerntheorie unser wichtigstes Werkzeug für die Änderung solcher Verhaltensweisen, und intuitiv scheint es daher sinnvoll zu sein, die gleiche Theorie zu verwenden, um solche Verhaltensweisen zu erklären und vorherzusagen.

Bach (1999) bietet eine eloquente Erklärung, wie viele Hunde lernen, erfolglose Besitzer zu umgehen, um ihre Appetenzanforderungen zu erfüllen. Sie beschreibt, dass diese Hunde oft als „dominant" angesehen werden, obwohl sie einfach durch operante Konditionierung gelernt haben, ihre Umgebung so zu manipulieren, dass sie Zufriedenheit erlangen. Wir können bei Tieren davon ausgehen, dass sie Verstärker maximieren und Bestrafung minimieren. Die Lerntheorie berücksichtigt dieses Verhalten klar und deutlich, bietet einen extrem hohen beschreibenden, erklärenden und vorhersagenden Wert und eine eindeutige Reihe von Prinzipien zur Behandlung des Problems. Positive Verstärkung von Verhaltensweisen, die man häufiger sehen möchte, und das Ausbleiben der Verstärkung bei unerwünschtem Verhalten führen nur zu wenigen oder gar keinerlei Nebeneffekten, die dagegen bei Verwendung der Dominanztheorie häufig auftreten.

Als abschließenden Kommentar zur Dominanztheorie, abgesehen von der Zusammenfassung und Schlussfolgerung, möchte ich vorschlagen, sie, wenn überhaupt, sehr präzise zu verwenden. Wenn wir zukünftige Ergebnisse agonistischer Auseinandersetzungen zwischen zwei Hunden in einem bestimmten Zusammenhang vorhersagen möchten, sollten wir eine statistische Studie dieser beiden Hunde über eine signifikante Anzahl von Auseinandersetzungen in diesem speziellen Zusammenhang heranziehen. Dann müssen wir die Vorhersagen über einen bestimmten Zeitraum testen, um zu sehen, ob sie konstant richtig sind. Wenn wir feststellen, dass sie gültig sind und die Vorhersagen bestätigt werden, haben wir ein nützliches Instrument. Wenn wir etwas beschreiben möchten, müssen wir einen Begriff benutzen, der die Variabilität erklärt und gleichzeitig ein eindeutiger Begriff ist. Wenn wir vorhersagen möchten, ob Kommunikationssignale zielgerichtet sind, müssen wir das entsprechende Phänomen studieren. Wenn wir die Dominanztheorie verwenden möchten, müssen wir genau festlegen, was wir von ihr erwarten, und anschließend unsere Hypothese auf Gültigkeit und Zuverlässigkeit hin prüfen.

Kurz gesagt, die Dominanztheorie kann verwendet werden, um Beziehungen unter Hunden und zwischen Hunden und Menschen zu erklären und vorherzusagen, doch es bleibt aufgrund mangelnder Forschung und fehlender empirischer Daten unklar, wir nützlich dies sein könnte. Bei der Anwendung der Dominanztheorie treten zahlreiche Probleme auf, und möglicherweise gibt es verschiedene andere realisierbare Wege, das gleiche Verhalten zu erklären und vorherzusagen, ohne sich auf diese höchst umstrittene und problematische Theorie zu beziehen. Die Dominanztheorie könnte sehr nützlich sein, und je mehr wir uns bei ihrer Erforschung an wissenschaftliche Methoden halten, desto größer ist die Wahrscheinlichkeit, dass wir ihren Wert erkennen. In dem Maße, in dem wir sie nachlässig und unwissenschaftlich handhaben, werden wir weiterhin Verwirrung über das Thema stiften.

Schlussfolgerung

Welche Schlussfolgerungen können wir aus unserer Untersuchung der Dominanztheorie ziehen? Sie versprach, ein allgemein gültiger Organisationsmechanismus für in sozialen Gruppen lebende Arten zu sein. Sie sollte die sozialen Beziehungen zwischen diesen Tieren erklären und uns helfen, zukünftige Interaktionen vorherzusagen. Mit ihrer Hilfe sollte es möglich sein, die funktionellen (der Evolution dienlich) und strukturellen (wie es tatsächlich aussieht) Aspekte sozialen Lebens zu verstehen. In Bezug auf Hunde versprach sie uns zu helfen, nicht nur ihr Sozialverhalten zu verstehen, sondern auch unser Verhalten ihnen gegenüber zu lenken und Probleme zu lösen, die aufgrund von Dominanzinteraktionen entstehen.

Sobald die Theorie untersucht wurde und empirische sowie statistische Daten gesammelt wurden, entstanden bestimmte Probleme. Viele Ausnahmen traten auf, und viele alternative Hypothesen wurden aufgestellt, um das agonistische Rangverhalten von in Gefangenschaft gehaltenen und gestressten Tieren zu erklären. Man erkannte, dass soziale Beziehungen nicht nur aus aggressiven Auseinandersetzungen bestehen. Wir begannen, schwache Korrelationen zwischen Verhaltensweisen zu finden, die als dominanzbezogen angesehen wurden. Wir stellten fest, dass diese Rangordnungen fließend und dynamisch, beziehungsweise bei vielen Spezies kontextabhängig sind. Die Dominanztheorie war eine Vereinfachung und konnte viele Beobachtungen nicht erklären. Viele Leute begannen, die Dominanztheorie als Rechtfertigung dafür zu verwenden, dass sie ihre Hunde dominierten. Ihre Beziehungen waren hoffnungslos ruiniert, und viele Hunde wurden eingeschläfert, weil sie als dominant bezeichnet wurden. Sie waren dominant, weil sie zuerst durch die Tür gingen oder an der Leine zogen. Die Dominanztheorie führte zu einer aggressiven, feindseligen und von Konfrontationen geprägten Beziehung zwischen

Menschen und Hunden. Wir fanden heraus, dass wir nicht in der Lage waren, zukünftiges Verhalten zuverlässig vorherzusagen, weil sich soziale Beziehungen ständig ändern. Kurz gesagt, die Dominanztheorie wurde den anfänglichen Erwartungen an sie nicht gerecht. Bedeutet das, dass sie nutzlos ist? Wahrscheinlich nicht. Es bedeutet, dass sie wahrscheinlich nicht die allgemein gültige Theorie für soziales Verhalten ist, die sie zu sein versprach. Sie erklärt sehr gut die Hackordnung von Hühnern, da diese Vögel eine sehr einfache, lineare Hierarchie ausbilden, die über längere Zeit stabil bleibt. Haben alle in Sozialverbänden lebenden Spezies eine solch einfache soziale Struktur wie die Hackordnung? Nein. Jede Spezies hat ein Sozialsystem entwickelt, das den speziellen Anforderungen durch die Umwelt entspricht, an die diese Spezies angepasst ist. Die Variablen, die für die Dominanztheorie notwendig sind, um auch in diesen komplexeren Gesellschaften Verhaltensweisen vorhersagen und erklären zu können, machen ihre Handhabung unmöglich und schränken ihre Brauchbarkeit ein.

Für die Verhaltenskunde scheint die Dominanztheorie nützliche Eigenschaften zu besitzen. In unseren Wohnzimmern und Hundeauslaufgebieten scheint sie aber sehr viel weniger nützlich zu sein und hat ihren Wert dort bisher noch nicht empirisch bewiesen. Sie hat jedoch bewiesen, dass sie durch Missverständnisse bei Haushunden großen Schaden anrichten kann (das ist jedoch kein Fehler der Theorie selbst). Wir können das Sozialverhalten von Hunden ohne Hinweis auf die Dominanztheorie verstehen, indem wir auf die Wettbewerbstheorie (Steinker, 2003, im Druck) oder die Lerntheorie (Donaldson, 1996) und andere Verhaltensprinzipien, wie zum Beispiel Einschätzung und Ritualisierung, verweisen.

Steinker (2003, im Druck) schlägt das revolutionär anmutende Paradigma vor, bei Hunden Gewinner/ Gewinner-Beziehungen statt Gewinner/ Verlierer- oder Verlierer/ Verlierer-Beziehungen zu bilden. Dieser innovative Ansatz analysiert Beziehungen zwischen Menschen und Hunden im Hinblick auf Gewinnen und Verlieren und hilft uns, die Beziehung so zu verändern, dass jeder

Beteiligte Vorteile gewinnt und keiner verliert. In diesem Zusammenhang werden die Begriffe Gewinnen und Verlieren verwendet, um Vor- und Nachteile für das Individuum zu beschreiben, nicht wie in der Dominanztheorie, wo sich Gewinnen und Verlieren auf das Ergebnis einer agonistischen Auseinandersetzung beziehen. Durch die dahingehende Verlagerung unserer Aufmerksamkeit, dass beide Mitglieder in einer Zweierbeziehung aus einer Interaktion Vorteile gewinnen, stärken wir die Bindung zwischen Hund und Mensch und fördern Ausbildungsmethoden, bei denen respektvoll mit den Tieren umgegangen wird. Diese neue Theorie verdient es, als Ersatz für die Dominanztheorie für das Verständnis der Beziehungen zwischen Menschen und Hunden ernsthaft in Erwägung gezogen zu werden.

Ich denke, es ist sinnvoll, die Dominanztheorie entweder fallen zu lassen oder sie wirklich fundiert zu untersuchen. Sie sollte nicht nur eine nicht auf empirischen Daten beruhende (unhaltbare) Theorie sein, über die Hundebesitzer und so genannte Fachleute diskutieren und die als Rechtfertigung für die harte – und ungerechte – Behandlung von Haushunden herangezogen wird. Diese Vorgehensweise funktioniert nicht. Wenn wir die Dominanztheorie retten wollen, müssen wir die Theorie so entwickeln, dass sie brauchbar ist, und sie richtig erforschen. Außerdem müssen wir der Öffentlichkeit, die diese Theorie einsetzt, veranschaulichen, was genau die Dominanztheorie ist und was nicht. Dieses Buch ist ein Versuch in diese Richtung.

Essenz

Die Dominanztheorie ist noch lange keine vollständig geklärte Theorie, und möglicherweise ist sie für Verhaltensstudien an vielen sozial lebenden Wildtieren von Wert. Es bleibt aber unklar, ob sie für das Verständnis des Sozialverhaltens von Hunden im Allgemeinen und von als Haustieren gehaltenen Hunden im Besonderen wertvoll ist. Mit Sicherheit gab es einige sehr ernsthafte problematische Entwicklungen bei der Anwendung dieser Theorie auf Haushunde durch Laien. Die Öffentlichkeit muss darüber aufgeklärt werden, in welchem Zusammenhang die Dominanztheorie hilfreich und in welchem sie schädlich sein kann. Eventuell wäre es sinnvoller, sie in Bezug auf Haushunde fallen zu lassen. Die Diskussion wird andauern.

Über den Autor

James O'Heare, Ph.D.(c) M.A., B.Sc., Dip.C.B., Dip.ACP., Dip.A.Sc., C.C.B.C., ist der Präsident des Cynology Colleges (www.CynologyCollege.com) und der Inhaber von DogPsych.com (www.DogPsych.com). James O'Heare hat einen Masters in Psychology (Masters-Abschluss in Psychologie), einen Bachelor of Science in Psychology (Bachelor-Abschluss in Psychologie), ein Diploma of Animal Sciences (Diplom in Zoologie), Diploma of Canine Behavior (Diplom in Kanidenverhalten), Diploma in Advanced Canine Psychology (Diplom in Kanidenpsychologie) und schreibt derzeit an seiner PhD-Dissertation über Rangordnung in Vergleichender Psychologie. Er ist Autor der Bücher „Das Aggressionsverhalten des Hundes", „Trennungsangst bei Hunden" und „Canine Neuropsychology".

Sie erreichen ihn unter folgenden Adressen:
www.DogPsych.com
www.JamesOHeare.com
www.CenterForAppliedDogBehavior.com
www.CynologyCollege.com

Companion-Website:
www.dogpsych.com/dominancetheoryanddogs.html

www.DogPsych.com
www.acbt.ca
www.CynologyCollege.com

Bibliografie

Die fett gedruckten Titel sind exzellente Informationsquellen für weiterführende Studien.

Abrantes, R. (1997). *Dog Language. An Encyclopedia Of Canine Behaviour.* Special revised and updated English version, ed. Naperville, Illinois: Wakan Tanka Publishers.

Adams, D. B. (1979). Brain mechanisms for offense, defense, and submission. *The Behavioral and Brain Sciences 2*, 201-241.

Allee, W. C. (1942). Social dominance and subordination among vertebrates. *Biological Symposia 8,* 139-162.

Aloff, Brenda. (2002). *Aggression in Dogs Practical management, Prevention & Behaviour Modification.* Fundcraft, Inc. Collierville TN.

Appleby, M. C. 1979. The probability of linearity in hierarchies. *The Behavioral and Brain Sciences 2*, 201-241.

Baer, N. und Duno, S. (1996). *Leader of the Pack.* Harper. N.Y. New York.

Barrette, C. (1993). The 'inheritance of dominance', or of an aptitude to dominate. *Animal Behaviour. 46,* 591-593.

Barrette, C. und D. Vandal. (1986). Social rank, dominance, antler size, and access to food in snow-bound wild woodland caribou. *Behaviour 97,* 118-146.

Beach F. A., Buehler M. G. und Dunbar I. F. (1982). Competitive behavior in male, female, and pseudohermaphroditic female dogs. *Journal of Comparative Physiological Psychology 96,* 855-874.

Beaugrand, J. P. (1997). Relative importance of initial individual differences, agonistic experience, and assessment accuracy during hierarchy formation: A simulation study. *Behavioral Processes 41,* 177-192.

Beaugrand, J. P. und C. Goulet. (2000). Distinguishing kinds of prior dominance and subordination experiences in male Green swordtail fish (*Xiphophorus helleri*). *Behavioural Processes 50,* 131-142.

Begin, J., P. J. Beaugrand und R. Zayan. (1996). Selecting dominants and subordinates at conflict outcome can confound the effects of prior dominance or subordination experience. *Behavioral Processes 36,* 219-226.

Bekoff, M. (1972). The development of social interaction, play, and metacommunication in mammals: An ethological perspective. *Quarterly Review Biology 47,* 412-434.

Bekoff, M. (1977). Social communication in canids: Evidence for the evolution of a stereotyped mammalian display. *Science 197,* 1097-1099.

Bekoff, M. und C. Allen. (1998). Intentional communication and social play: How and why animals negotiate and agree to play. In: *Animal Play Evolutionary, Comparative, and Ecological Perspectives by Bekoff and Byers (Ed.) Cambridge Press.*

Bekoff, M. und C. Allen. (2002). The evolution of social play: Interdisciplinary analyses of cognitive processes. In: *The Cognitive Animal. Bekoff, M., Allen, C. and Burghardt, G.M. (Ed)* 429-435.

Bernstein, I. S. und Gordon T.P. (1980). The social component of dominance relationships in rhesus monkeys. Animal Behaviour 28, 1033-1039.

Bernstein, I. S. (1981). Dominance: The baby and the bath water. *The Behavioral and Brain Sciences 4,* **419-457.**

Boitani, L., Francisci, F., Ciucci, P. und Andreoli, G. (1995). Population biology and ecology of feral dogs in central Italy. In: *The Domestic Dog. Its evolution, behaviour and interactions with people. Serpell, J. (Ed). Chapter 15,* S.218-244.

Brown, J. L. (1963). Aggressiveness dominance and social organization in the steller jay. *Condor 65,* 460-484.

Capitanio, J. P. (1991). Levels of integration and the 'inheritance of dominance'. *Animal Behaviour 42,* 495-496.

Carr, G. M. und D. W. Macdonald. (1986). The sociality of solitary foragers: A model based on resource dispersion. *Animal Behaviour 34,* 1540-1549.

Chance, P. (1988). Learning and Behavior. 2nd. Ed. Wadsworth Publishing Company. Belmont CA.

Chase, I. D. (1974). Models of hierarchy formation in animal societies. *Behavioral Science 19,* 374-382.

Chase, I. D. (1982). Behavioral sequences during dominance hierarchy formation in chickens. *Science 216,* 439-440.

Chase, I. D. (1985). Explanations of hierarchy structure. *Animal Behaviour 34,* 1265-1266.

Chase, I. D., C. Bartolomeo und L. A. Dugatkin. (1994). Aggressive interactions and inter-contest interval: How long do winners keep winning? Animal Behaviour 48, 393-400.

Christian, J. (1970). Social subordination, population density and mammalian evolution. *Science 168,* 84-90.

Clarke, R. S., W. Heron, M. L. Fetherstonehaugh, D. G. Forgays, and D. O. Hebb. (1951). Individual differences in dogs: Preliminary report on the effects of early experience. *Canadian Journal of Psychology 5(4),* 150-156.

Clothier, S. *Hard to train?* Retrieved March 28, 2003 http://www.flyingdogpress.com/difficult.html

Clothier, S. *Of hostages & relationships.* Retrieved March 28, 2003 http://www.flyingdogpress.com/

Clothier, S. *Why not take candy from a baby (if he lets you?).* Retrieved March 28, 2003 http://www.flyingdogpress.com/candy.html

Collias, N. E. (1943). Statistical analysis of factors which make for success in initial encounters between hens. *American Naturalist 77,* 519-538.

Coppinger, R. (1983). The domestication of evolution. *Environmental Conservation, 10(4),* 283-292.

Coppinger, R. und L. Coppinger. 2001. HUNDE. animal learn Verlag, 2003.

Daniels, T. J. und M. Bekoff. (1989). Population and social biology of free-ranging dogs, Canis familiaris. Journal of Mammalogy 70(4), 754-762.

de Waal, F. B. M. (1986). The interaction of dominance and social bonding in primates. Quarterly Review of Biology 61(4), 459-479.

Deag, M. J. (1977). Aggression and submission in monkey society. Animal Behaviour 25, 465-474.

Denenberg, V. H. und J. R. C. Morton. (1962). Effects of environmental complexity and social groupings upon modification of emotional behavior. *Journal of Comparative and Physiological Psychology 55(2),* 242-246.

Dewsbury, D. A. (1990). Fathers and sons: Genetic factors and social dominance in deer mice, Peromyscus maniculatus. *Animal Behaviour 39,* 284-289.

Dewsbury, D. A. (1991). Genes influence behaviour. *Animal Behaviour 42,* 499-500.

Donaldson, J. (1996). The Culture Clash. James and Kenneth Publishers. Oakville, Ontario.

Drews, C. (1993). The concept and definition of dominance in animal behaviour. Behaviour 125(3-4), 283-313.

Duman, B. (2003). *Some thoughts on letting go of the dominance paradigm in training dogs.* Retrieved March 28, 2003. http://www.dogpsych.com/thoughtsondominance.pdf

Eaton, Barry. (2002). Dominanz – Tatsache oder fixe Idee? animal learn Verlag, 2003.

Enquist, M. (1985). Communication during aggressive interactionswith particular reference to variation in choice of behavior. *Animal Behaviour 33,* 1152-1161.

Fagan, R. (1981). *Animal Play Behavior.* Oxford University Press.

Fentress, J. C. (1967). Observations on the behavioral development of a hand-reared male timber wolf. *American Zoologist 7,* 339-351.

Fox, M. W. (1970). A comparative study of the development of facial expressions in canids; wolf, coyotes and foxes. *Behaviour 36,* 49-73.

Fox, M. W. und D. Stelzner. (1966). Behavioural effects of differential early experience in the dog. *Animal Behaviour 14,* 273-281.

France, C. B. (2001). *Appeasing pheromones in mammals.* World Small Animal Veterinary Association World Congress, Vancouver 2001.

Frank, H. und Frank, M. G. (1982). On the effects of domestication on canine social development and behavior. *Applied Animal Ethology, 8,* 507-525.

Gage, F. H. (1978). A multivariate approach to the analysis of social dominance. *Behavioral Biology 23,* 38-51.

Gese, E. M. und L. D. Mech. 1991. Dispersal of wolves (Canis lupus) in northeastern Minnesota 1969-1989. *Canadian Journal of Zoology 69,* 2946-2955.

Grant, E. C. und J. H. Mackintosh. (1958). A comparison of the social postures of some common laboratory rodents. *Behaviour 21,* 246-259.

Guilford, T. und M. S. Dawkins. (1991). Receiver psychology and the evolution of animal signals. *Animal Behavior. 42,* 1-14.

Hare, B., Brown, M., Williamson, C. und Tomasello, M. (2002). The domestication of social cognition of dogs. *Science, 298,* 1634-1636.

Hill, H. L. und M. Bekoff. (1977). The variability of some motor components of social play and agonistic behavior in infant eastern coyotes, Canis latrans var. *Animal Behavior. 25* ,907-909.

Hsu, Y. und L. L. Wolf. (2001). The winner and loser effect: What fighting behaviours are influenced? Animal Behavior. 61, 777-786.

Jackson, W. M. und R. L. Winnegrad. (1988). Linearity in dominance hierarchy: A second look at the individual attribute model. *Animal Behaviour 36,* 1237-1240.

James, W. T. (1955). Behaviors involved in expression of dominance among puppies. *Psychological Reports 1,* 299-301.

Kaplan, J. R. (1981). A reexamination of dominance rank and hierarchy in primates. *The Behavioral and Brain Sciences 4,* 442-443.

Kleiman, D. G. (1967). Some aspects of the social behavior in the Canidae. *Animal Zoology. 7,* 365-372.

Lehrman, D. S. (1953). A critique of Konrad Lorenz‘s theory of instinctive behavior. *The Quarterly Review of Biology 28(4),* 337-363.

Lewontin, R. C. (1979). Sociobiology as an adaptationist program. *Behavioral Sciences 24,* 5-14.

Lindsay, S. R. (2001). Handbook of Applied Dog Behavior and Training. Volume two. Iowa University State Press. Ames, Iowa.

Lindstrom, E. (1986). Territory inheritance and the evolution of group-living in carnivores. *Animal Behaviour 34,* 1825-1835.

London, K. B. und McConnell, P. B. (2001). *Feeling Outnumbered? How to manage and Enjoy Your Multi-Dog Household.* Dog's Best Friend, Ltd. Black Earth, WI.

Macdonald, D. W. (1983). The ecology of carnivore social behaviour. *Nature 301,* 379-384.

Maxman, J. und Ward, N. (1995). *Essential Psychopathology and Its Treatment. 2nd Ed.* W.W. Norton & Company. New York, NY.

Mazur, A. (1973). A cross-species comparison of status in small established groups. *American Sociological Review 38(5),* 513-530.

Mazur, A. und A. Booth. (1998). Testosterone and Dominance in Men. Behavioural and Brain Sciences at 21, 353-363.

McFarland, D. (1999). *Animal Behaviour. 3rd edition.* Prentice Hall. Essex, England.

Mech, D. L. (1995). Summer Movements and behavior of an arctic wolf, Canis lupus, pack without pups. *The Canadian Field-Naturalist 109* ,473-475.

Mech, D. L. (1999). Alpha status, dominance, and division of labor in wolf packs. Canadian Journal of Zoology 77, 1196-1203.

Mech, D. L. und M. E. Nelson. (1990). Non-family wolf, Canis lupus, packs. *The Canadian Field-Naturalist 104,* 482-483.

Mech, L. D., P. C. Wolf und J. M. Packard. (1999). Regurgitative food transfer among wild wolves. *Canadian Journal of Zoology 77,* 1192-1195.

Messier, F. (1985). Solitary living and extraterritorial movements of wolves in relation to social status and prey abundance. *Canadian Journal of Zoology 63,* 239-245.

Mineka, S. (1979). The role of fear in theories of avoidance learning, flooding and extinction. *Psychological Bulletin 86(5),* 985-1010.

Moore, A. J. (1984). The evolution of reciprocal sharing. *Ethology and Sociobiology 5* ,5-14.

Moore, A. J. (1991). Genetics, inheritance and social behaviour. *Animal Behaviour 42,* 497-498.

Moore, A. J. (1990). The inheritance of social dominance, mating behaviour and attractiveness to mates in male Nauphoeta cinerea. *Animal Behaviour 39,* 388-397.

Morse, D. H. (1974). Niche breadth as a function of social dominance. *The American Naturalist 108(964),*818-830.

Moyer, K. E. (1968). Kinds of aggression and their physiological basis. *Communications in Behavioral Biology, Part A 2,* 65-87.

Noll, D. E. (1999). *The neuropsychology of human conflict.* Retrieved March 28, 2003. http://www.manageconflict.com/Neuropsy.htm

O'Heare, J. J. (2001). *The Canine Aggression Workbook. 1st edition.* DogPsych Publishing. Ottawa.

O'Heare, J. J. (2002). Review and critique of pack theory models and an introduction to alternative models of domestic dog social behavior. *Journal of the Academy of Canine Behavioral Theory, 1(1),* 16-28.

O'Heare, J. J. (2003). Das Aggressionsverhalten des Hundes. animal learn Verlag, 2003.

O'Heare, J. J. (2003). Canine Neuropsychology. 2nd edition. DogPsych Publishing. Ottawa.

O'Heare, J. J. (2003). *Competitive and cooperative relationships with dogs - an editorial.* Retrieved March 28, 2003. http://www.dogpsych.com/competition.pdf

Overall, K. L. (1997). *Clinical Behavioral Medicine for Small Animals.* Mosby. St. Louis, Missouri.

Packard, J. M., L. M. Mech und R. R. Ream. (1992). Weaning in an artic wolf pack: Behavioral mechanisms. *Canadian Journal of Zoology 70,* 1269-1275.

Pollock, G. B., and S. W. Rissing. (1988). Social competition under mandatory group life in *The Ecology of Social Behavior by Slobodchikoff, C.N. (Ed).* California: Academic Press.

Price, E. O. (1984). Behavioral aspects of animal domestication. *The Quarterly Review of Biology, 59(1),* 1-32.

Pulliainen, E. (1967). A contribution to the study of the social behavior of the wolf. *American Zoologist. 7,* 313-317.

Pusey, A. E. und C. Packer. (1997). The ecology of relationships in Behavioural Ecology an evolutionary approach. 4th. ed by Krebs, John R. and Davies, Nicholas B. (Eds). Oxford: Blackwell Science.

Rabb, G. B. (1967). Social relationships in a group of captive wolves. *American Zoologist 7,* 305-311.

Reisner, I. (1998). *Canine aggression: Neurobiology, behavior and management.* Retrieved March 28,2003. http://www.vetshow.com/friskies/cani.htm

Rowell, T. E. (1966). Hierarchy in the organization of a captive baboon group. *Animal Behaviour 14,* 430-443.

Rowell, T. E. (1974). The concept of dominance. Behavioral Biology 11, 131-154.

Rugaas, Turid. (1997). Calming Signals – Die Beschwichtigungssignale der Hunde. animal learn Verlag, 2002.

Schenkel, R. (1967). Submission: Its features and function in the wolf and dog. American Zoologist 7, 319-329.

Scott, J. P. (1948). Dominance and the frustration-aggression hypothesis. *Physiological Zoology 21,* 31-39.

Scott, J. P. (1962). Critical periods in behavioral development. *Science 138,* 949-957.

Scott, J. P. (1967). The evolution of social behavior in dogs and wolves. *American Zoologist 7,*373-381.

Scott, J. P. únd Fuller, J. L. (1965). *Genetics and the Social Behavior of the Dog.* The University of Chicago Press. Chicago.

Serpell, J. (Ed). (1995). The Domestic Dog. Its evolution, behaviour and interactions with people. Cambridge University Press. Cambridge, UK.

Siiter, R. (1999). Introduction to Animal Behavior. Brooks/Cole Publishing. Toronto.

Stebbins, R. C. und Cohen, N. W. (1995). A Natural History of Amphibians. Princeton University Press. Princeton, NJ.

Snow, C. J. (1967). Some observations on the behavioral and morphological development of coyote pups. *American Zoologist 7,* 353-355.

Szamado, S. (2000). Cheating as a mixed strategy in a simple model of aggressive communication. *Animal Behaviour 59,* 221-230.

Thompson, K. V. (1998). *Self assessment in juvenile play.* Animal Play Evolutionary, Comparative, and ecological Perspectives. Cambridge Press.

Thorpe, K. E., A. C. Taylor und F. A. Huntingford. (1995). How costly is fighting? Physiological effects of sustained exercise and fighting in swimming crabs, *Necora puber* (L.) (Brachyura, Portunidae). *Animal Behaviour 50,* 1657-1666.

Tilson, R. (1981). Animal Social Behavior. Chapter 13. Duxbury Press.

Tinbergen, N. (1974). Ethology and stress diseases. *Science 185,* 20-27.

Uyeno, E. T. und M. White. (1967). Social Isolation and dominance behavior. *Journal of Comparative and Physiological Psychology 63(1),* 157-159.

Wethey und Woodin. Ecology and Evolution: Biology 301 Fall 2002. Retrieved April 8, 2003 from http://www.biol.sc.edu/~wethey/301/NaturalSelection.html

Van Ballenberghe, V. (1983). Extraterritorial movements and dispersal of wolves in southcentral Alaska. *Journal of Mammalogy 64(1),* 168-171.

Von Schantz, T. (1984). Carnivore social behaviour - does it need patches? Nature 307, 389-390.

Wilson, E. O. (1975). Sociobiology The New Synthesis. The Belknap Press. Cambridge Massachusetts.

Das Aggressionsverhalten des Hundes
Ein Arbeitsbuch

James O'Heare

Das Aggressionsverhalten des Hundes - ein Thema, das die Gemüter erregt und zu dem immer neue Theorien und Trainingsmethoden entwickelt werden.

James O'Heare erklärt in diesem Arbeitsbuch

- wie es zu aggressiven Verhaltensweisen kommen kann
- welche Formen aggressiven Verhaltens es gibt
- wie man das Verhalten des Hundes analysiert und ein Trainingsprogramm für das entsprechende Problem erstellt
- wie man Lerntheorien und Methoden zur Verhaltenskorrektur richtig anwendet
- welche Präventivmaßnahmen beim Welpen oder erwachsenen Hund ergriffen werden können, damit es gar nicht erst zu Problemen kommt

Dabei gibt er detaillierte Arbeitsanleitungen und führt Punkt für Punkt durch die einzelnen Trainingsprogramme, die sich deutlich von Starkzwangmethoden und althergebrachtem Drill distanzieren.

In diesem Buch finden alle Hundebesitzer, Trainer, Tierärzte, Tierpfleger - kurz: alle, die sich mit Hunden beschäftigen - wertvolle Ratschläge und ausführliche Hinweise zum Umgang mit aggressiven Hunden.

Paperback, 256 Seiten, mit zahlreichen Abbildungen,
ISBN 978-3-936188-10-3

Trennungsangst beim Hund
Ein Arbeitsbuch

James O'Heare

Alleine zu bleiben ist für viele Hunde ein Problem. Manche fügen sich still in ihr Schicksal und warten geduldig, bis ihre Bezugsperson zurückkommt, andere leiden schrecklich und geben dieser Angst durch Dauerbellen, Zerstörungswut oder Unsauberkeit Ausdruck. Ihre Besitzer stehen diesem Problem oft hilflos gegenüber und wissen nicht, was sie dagegen tun können.

James O'Heare beschreibt in seinem Buch

- wie Trennungsangst entsteht,
- was sie auslöst und was sie verschlimmert,
- weshalb man auf dieses Verhalten keinesfalls mit Strafen reagieren sollte und
- wie man ein Trainingsprogramm erstellt, das dem Hund helfen kann, seine Angst zu überwinden.

Dabei steht für James O'Heare stets der Hund im Mittelpunkt. Er hat Angst - und braucht unsere Hilfe, um sie zu überwinden! O'Heare gibt in diesem Buch wertvolle Tipps und Hinweise, um das Problem zu erkennen, den Hund in seinem Problemverhalten besser zu verstehen und ihn erfolgreich zu therapieren. Mit genauen Trainingsanleitungen führt er Schritt für Schritt durch alle Übungen.

Paperback, 112 Seiten, mit zahlreichen Illustrationen,
ISBN 978-3-936188-12-7

DOMINANZ
Tatsache oder fixe Idee?

Barry Eaton

Barry Eaton beschäftigt sich in dieser Broschüre mit dem Gedankenmodell des „dominanten" Haushundes, das Grundlage vieler Erziehungsmethoden ist und seiner Meinung nach dringend einer Überarbeitung bedarf.

Er trägt neueste Forschungsergebnisse zusammen und fragt dabei augenzwinkernd, ob es wirklich sein kann, dass jeder Hund im Grunde seines Herzens davon träumt, seine Familie zu beherrschen...

Broschüre, 32 Seiten, mit zahlreichen farbigen Illustrationen, ISBN 978-3-936188-09-7